Alex T. Steffen

Mit einem Vorwort von Anna Kopp CIO, Microsoft Deutschland

Der Pionier in Dir

Wie du Veränderungsprozesse beschleunigst und durch adaptive Intelligenz (AQ) eine moderne Führungskraft wirst

MOONLANDER

Externe Links wurden bis zum Zeitpunkt der Drucklegung des Buches geprüft. Auf etwaige Änderungen zu einem späteren Zeitpunkt hat der Verlag keinen Einfluss. Eine Haftung des Verlags ist daher ausgeschlossen.

Bibliografische Information der Deutschen Nationalbibliothek
Die Deutsche Nationalbibliothek verzeichnet diese Publikation in der Deutschen Nationalbibliografie; detaillierte bibliografische Daten sind im Internet über http://dnb.d-nb.de abrufbar.

ISBN: 978-3-00-072001-7
Lektorat: Christoph Kattner; Oliver Domzalski | www.lektorat-domzalski.de
Umschlaggestaltung: www.danileoart.com
Illustrationen:
Su Reiter | https://su-reiter.de/
Charlotte Reiff | www.charlotte-reiff.de
Autorenfoto: Nadine Tschira | https://nadinetschira.com/
Satz: www.danileoart.com
Layout: www.danileoart.com

Ahlbecker Str. 18
10437 Berlin
Germany

www.alextsteffen.com

Menschen werden zart und gelenkig geboren
tot sind sie steif und hart.
Junge Kräuter und Bäume sind zart und biegsam,
dürr und hart, wenn abgestorben.
Darum gehören Starre und Sturheit zum Tode,
Beweglichkeit und Zartheit zum Leben.

Lao Tzu

Inhaltsverzeichnis

Vorwort von Anna Kopp, CIO Microsoft Deutschland . . 1

Warum du dieses Buch lesen solltest. 5

Was dir dieses Buch beibringen wird 8
Wie du dieses Buch am besten verwendest 12
Meine erste Aufgabe für dich 13

Teil 1: Rasender Stillstand 15

Verglühter Pioniergeist bei der NASA 17

1.1: Passen diese Strukturen noch in die digitale Welt? . . 21

Juliane kanalisiert ihre Innovationskraft 21
Marks Firma entfesselt sich 28
Monique entlarvt Entscheidungsschwäche 33
Zusammenfassung Kapitel 1.1 37

1.2: Gelähmte Organisation 39

Agiles Mindset als Schlüssel zur Zukunft 39
Auch innovative Firmen können sich
ein rückständiges Mindset einkaufen 44
Die zwei Wächter 45
Gefangene des eigenen Denkens 49
Zusammenfassung Kapitel 1.2 51

1.3: Agilität wird erzwungen 53

Agile Methoden als Allheilmittel? 53
Alibi-Transformation 55
Die Trophische Kaskade 56
Wenn der Durchhaltewille leidet 60
Zusammenfassung Kapitel 1.3 62

Teil 2: Pioniere entfesseln das agile Mindset. 65

Ein Gespräch mit Michail Gorbatschow 67

2.1: Pioniere treiben Wandel voran 69

Die Refresh Rate 69
Pioniere treiben Wandel voran 72
Salutogenesis: Priorität Transformation 76
Führungsprinzipien aus dem Militär 78
Zusammenfassung Kapitel 2.1 80

2.2: Attribute von Pionieren 83

1: Adaptive Intelligenz (AQ) 84
2: Diversity of thought 91
3: Vernetzt überzeugen 92
Zusammenfassung Kapitel 2.2 95

2.3: Das Pionier-Kompetenzmodell 97

Attribute statt Kompetenzen 97
GESTALTER: Kreativer mit Eigenantrieb 99
FORSCHER: Reflektierter Wissenschaftler 106
AKTIVIST: Belastbarer Kämpfer 110
Das Pionier-Kompetenzmodell 115
Praktische Beispiele des Kompetenzmodells 118
Deine eigenen Pionier-Kompetenzen bestimmen . . 120
Zusammenfassung Kapitel 2.3 122

Teil 3: Wie du zum Pionier wirst 125

Das Wunder von Sioux City 127

3.1: Strategien des Gestalters 131

Neue Prozesse mit dem First Principle Thinking . . . 131
Bessere Arbeit mit dem 40-Minuten-Meeting . . . 136

3.2: Strategien des Forschers 141

Denkmuster lenken mit Achtsamkeit 141
Vorsprung durch Sprache: Die Macht der Worte . . 144
Arbeitszufriedenheit verbessern
wie Microsoft & Disney 149

3.3: Strategien des Aktivisten 155

Change motivieren mit Kind Confidence 155
Adaptive Intelligenz mit der Vektor-Strategie. . . . 158
Bessere Entscheidungen mit Nudging 162
Das H-förmige Talente-Profil 165
Zusammenfassung Teil 3 168

Ausblick 171

Über den Autor 173

Dank 175

Literaturempfehlungen 177

Quellen im Internet 179

Vorwort von Anna Kopp, CIO Microsoft Deutschland

30 Jahre, das ist die Zeit, die ich nun in der IT-Branche arbeite. 30 Jahre voller Geschichten, voller Höhen und Tiefen, voller Veränderungen - in der Denkweise, in der Unternehmenskultur und in der Technologie. Drei Jahrzehnte in denen die Geschwindigkeit des sich ständig wandelnden Geschäfts jedes Jahr zunahm. Geschichten, die man sich am Lagerfeuer erzählt.

Der große Unterschied zu heute: Es gab in meinen Anfangsjahren keine Sachbücher, die uns durch die notwendigen Veränderungen hätten führen können. Literatur, die uns dabei geholfen hätte zu verstehen, dass der Wandel hier ist, um zu bleiben - ein Widerspruch in sich selbst!

Ich werde oft gefragt, welche Bücher mir in meiner Karriere geholfen haben, welche Vorbilder ich hatte und wen ich als Mentor wählte. Meine Antwort ist, dass ich auf mich allein gestellt war.

Reisen wir einmal zurück in die 1990er Jahre, als ich bei Silicon Graphics im Bereich Telefonvertrieb begann. Meine Kunden konnten mich nur per Telefon, Fax oder Brief erreichen. Und ich konnte sie ebenfalls nur auf die gleiche Weise kontaktieren. E-Mail gab es nicht.

Kannst du nachvollziehen, wie schwierig es vor dem digitalen Zeitalter war, Beziehungen zu Kunden und Verkäufern zu pflegen, die Effizienz zu steigern, oder eine Kultur aufzubauen? Das einzige nützliche Buch, das ich zu dieser Zeit kannte, war Steven R. Coveys 7 Wege zur Effektivität. Um ein Buch zu bekommen, musste man in eine Buchhandlung gehen!

In den 2000er Jahren arbeitete ich für Sun Microsystems, und ich erinnere mich noch genau, als wir die neuen 9,1-GB-Festplatten auf den Markt brachten. Auf einen Schlag verdoppelten sie die Speicherkapazität. Die Festplatten gingen weg wie warme Semmeln. Unsere Telefone standen keine Sekunde lang still, weil Speicherplatz derart wertvoll war. Es gab keine Cloud, um Inhalte zu speichern und abzurufen. Informationen waren nicht in Echtzeit verfügbar, wie wir es heute gewohnt sind. Und zwei Jahre später hatte sich der Speicherplatz erneut verdoppelt. Dieser rasende Wandel wurde zur Normalität.

Das Jahr 2000 war erst nervenaufreibend und dann ernüchternd. Nichts explodierte und unser Unternehmen tuckerte einfach weiter. Die nächste derartig vereinnahmende Stresssituation kam erst wieder bei der GDPR-Einführung im Jahr 2018.

Ich begann für ein Startup-Unternehmen zu arbeiten und hatte als Antrittsprämie ein paar Aktien bekommen. Begeistert verfolgte ich die Entwicklung der Wertpapiere genau, bis ich auf dem Papier eine Millionärin war. Wer hätte das gedacht! Zu dem Zeitpunkt, an dem ich meine Optionen ausüben durfte, waren sie nur noch einen vierstelligen Betrag wert.

Warum erzähle ich dir das? Weil diese einst analogen Umstände und das rapide Auf und Ab der Ursprung und die Grundlage von fast all dem sind, was wir heute tun. Und weil der Wandel jeder einzigen Facette des Lebens eine hohe *Refresh Rate* (Kapitel 2.1) und Belastbarkeit (Kapitel 2.3) erforderte. Am wichtigsten aber ist, dass wir Pioniere all die Höhen und Tiefen mühsam selbst durchschreiten mussten.

Es gab keine Experten wie Alex, die uns heute mit ihren Impulsen, Fallbeispielen und Analysen für das Beschreiten der neuen Welt vorbereiten und ausstatten. Vordenker, die uns unsere eigene Entwicklungs- und Transformationsreise durch ihre Ratgeberbücher und TEDx Talks vereinfachen und verkürzen. Mentoren, die uns unsere versteinerten Prozesse und unsere gelegentliche mentale Steifheit vor Augen führen. Die uns davon abhalten, vor die Wand zu fahren, weil wir die Dinge so tun, wie wir sie immer getan haben, ohne unser Handeln zu überprüfen. Erkunde dafür Teil 1 dieses Buches.

Während ich dieses Buch lese, schaue ich zugleich in die Vergangenheit und in die Zukunft. Es ermöglicht mir eine Reflexion meiner Reise. Es zeigt mir, wie hart ich arbeiten musste, wie hart wir alle arbeiten mussten, um die Pionierarbeit im eigenen Bereich zu leisten. Diese Grundlage ist für dich, liebe Leserin und lieber Leser nun bereits geschaffen. Ich freue mich für dich, denn du kannst sofort mit dem Umsetzen starten.

Mit der Geschwindigkeit, die wir heute erleben, ergibt sich, dass das Wiederverwerten von Ideen mehr als nur ein Trend, sondern eine Notwendigkeit ist. Es ist großartig, dass wir uns heutzutage das Wissen und die Erfahrungen von anderen Menschen zunutze machen, ja schamlos klauen und in unserem Unternehmen implementieren können, statt das Rad neu zu erfinden. Keiner von uns hat die Zeit, das Budget oder die Energie mehr für die ständige Neuerfindung des Rades. Schnapp dir die wertvollen Handlungsempfehlungen also und wende sie direkt an.

Und wenn ich in die Zukunft schaue, sehe ich Klarheit, ich sehe Innovation, ich sehe Vereinfachung, ich sehe Work-Life-Balance, ich sehe Wettbewerbsvorteile, ich sehe junge Leute und neue Mitarbeiter, die sich schneller einarbeiten, und ich sehe uns alle gemeinsam als zukünftige Pioniere vorankommen. Ich freue mich wirklich auf diese Zukunft.

Keine einsame, mühsame Pionierarbeit mehr, die wir allein in unseren Silos leisten müssen. Wo wir den metaphorischen Felsblock allein den Berg hinaufrollen. In der neuen Welt sind Pioniere vernetzt und schieben den Block gemeinsam über die Kante. Dann beobachten sie, wie er an Geschwindigkeit gewinnt!

Warum also dieses Buch? Und warum gerade jetzt? Die Arbeitswelt steht vor einem tiefgreifenden Wandel. In den letzten drei Jahren habe ich in Gesprächen mit hunderten von Kunden gelernt, dass viele von uns, egal wie erfahren, den Wald vor lauter Bäumen nicht sehen. Und das, obwohl die Digitalisierung nichts Neues mehr ist.

Geschäftsführer, Top-Manager und Abteilungsleiter fragen sich: Wo soll ich anfangen? Wie soll ich vorgehen? Wie kann ich das Ergebnis bestimmen? Wen hole ich mir an Bord? Muss ich dies oder jenes wirklich tun? Wird mein Plan funktionieren?

Ja, das wird er! Das vor dir liegende Buch gibt dir praktische Unterstützung und zahlreiche Entscheidunghilfen bei der Beantwortung dieser und vieler weiterer Fragen. So findest du deinen Startpunkt, schärfst deine Rolle und setzt spürbare Akzente auf der Transformationsreise, auf die wir uns alle begeben müssen. Was mir besonders gut gefällt: Alex trifft immer den richtigen Ton für den Markt und die Firmenkultur hier im DACH-Raum.

Mit der Denk- und Arbeitsweise von Pionieren (Teil 2) ist das wahrscheinlichste Ergebnis für dich das, was ich *digitalen Optimismus* nenne. Und dank der sechs Pionier-Kompetenzen aus Teil 3 dieses Buches schärfst du deine Veränderungskompetenz und erhältst in einem neue Führungsansätze wie *Kind Confidence* für eine effektivere, wirkungsvollere und erfolgreichere Transformation.

Ich bin überzeugt, dass alles gut wird. Einen gewaltigen Anteil daran haben Pioniere wie du.

Viel Spaß beim Lesen und Umsetzen!

Anna Kopp,
IT Director Germany (CIO/CDO), Microsoft
Frühjahr 2022

Warum du dieses Buch lesen solltest

Stell dir vor, du könntest einen Zauberstab nehmen und jeden Aspekt deiner Arbeit verändern. Womit würdest du anfangen?

Würdest du eine andere Aufgabe wählen? Ein neues Arbeitsumfeld? Mehr Herausforderungen annehmen? Oder deine Prioritäten anders setzen? Würdest du deine Arbeitsabläufe vereinfachen oder sogar digitalisieren? Dir eine neue Fähigkeit aneignen?

Und jetzt frag dich mal: Was hindert dich eigentlich daran, diese etwas zu ändern? Warum glaubst du, dafür einen Zauberstab zu brauchen? Und wo genau ist der Faden verknotet, der dich zum Ziel führen würde?

Meine Antwort lautet: Unser Verstand, so beeindruckend er auch ist, ist fast immer die Ursache des Knotens. Während der über zehn Jahre, in denen ich mit Geschäftsführern, Senior Managern und Abteilungsleitern zusammengearbeitet habe, um ihnen bei der Transformation ihrer Unternehmen und dem Innovationsprozess zu helfen, habe ich festgestellt, dass Erfolg letztlich immer denselben Ursprung hat: die Fähigkeit, mit Veränderungen mitzuhalten.

Die Welt ist im Wandel. Die Spielregeln der Wirtschaft werden nie mehr die alten sein. Mit der hohen Veränderungsrate gekonnt umzugehen ist die größte Führungsaufgabe unserer Zeit. Der Druck auf Führungskräfte steigt stetig und je schlechter sie für den Wandel gerüstet sind, desto eher wird ihre Firma von den Wogen des digitalen Ozeans umhergeworfen.

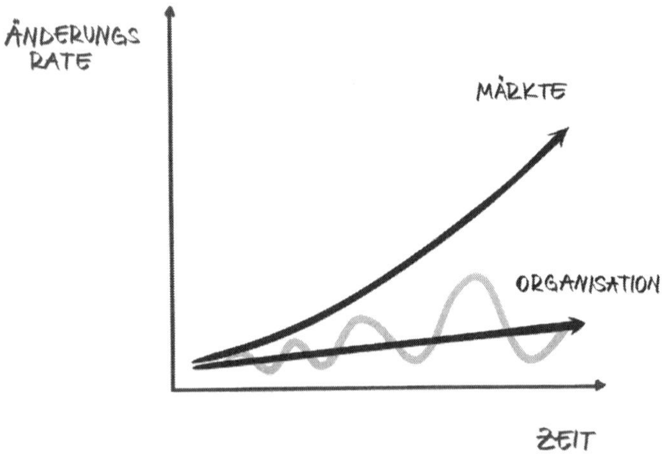

Abbildung 1: Die Volatilität steigt mit mangelnder Veränderungskompetenz

Wir sprechen zwar von *Organisationswandel*, aber schlussendlich sind Organisationen nur eine Ansammlung von Individuen, die gemeinsam einen bestimmten Zweck verfolgen. Das eigentliche Problem verbirgt sich geschickt im Labyrinth des Organigramms: Wandel beginnt immer beim Individuum. Ohne persönliche Adaptivität gibt es keine organisationale Agilität.

Doch wie erlangen wir eigentlich die Veränderungskompetenz? In manchen Bereichen ist das Verändern der eigenen Sichtweisen und Arbeitspraktiken leichter und in manchen schwerer. Eine Faustregel: Je mehr der eigenen Einschätzung nach auf dem Spiel steht, desto schwieriger fällt der Wandel.

Tim Cook, ist der CEO von Apple. Das ist die nach Marktkapitalisierung größte Firma der Welt. „Wir haben ein gravierendes Missverhältnis zwischen den Fähigkeiten, die uns Unis mitgeben, und den Fähigkeiten, die die Zukunft von uns verlangt.

Stell dir mal vor, wir hätten in der Schule oder Uni einen Pflichtkurs namens *Perspektiven*. Dort bekämen wir beigebracht, wie man die eigene Sichtweise hinterfragt und wie man mit veränderten Umständen und Anforderungen umgeht. Das könnte so viele Situationen im Leben einfacher machen, denn Wandel ist ein permanenter Teil des (Arbeits-) Lebens.

- Wir wären in der Lage einfacher mit der Meinung anderer einverstanden sein, statt unsere Sichtweise als die einzig wahre zu verteidigen.
- Wir könnten erkennen, dass viele Fragen keine Entweder-Oder-Antwort erfordern, sondern eine Lösung, die etwas von beiden Seiten enthält.
- Es würde uns leichter fallen, Wege zu finden, um Einigkeit über eine Strategie oder eine notwendige Veränderung zu erzielen, bevor wertvolle Zeit verstrichen ist.
- Wir würden gelassen bleiben, wenn unsere Ziele durch äußere Umstände wiederholt über den Haufen geworfen werden, und – dank innerer Stabilität – immer wieder aufstehen, wenn uns eine Situation niedergeworfen hat.
- Wir könnten uns mutig für eine dringend notwendige Veränderung einsetzen, statt wie heute in der Komfortzone gefangen zu bleiben.

Kurz, wir könnten mehr Wirkung, mehr Bedeutung, mehr Selbstbestimmung, mehr Freude an der Arbeit erfahren.

Leider stecken viele Unternehmen und Institutionen in der Falle von Kontrolle und Kontinuität. Wenn überhaupt, entwickeln und verändern sie sich nur im Schneckentempo. Die CEOs von Vorreiterunternehmen denken in Einflusssphären, die Verwaltertypen hingegen in Gremien und Prozessen. Sie wissen: Disruption schleicht sich an Traditionsunternehmen wie ein Dieb in der Nacht. Im Strategy Room von digitalen Gewinnern wird entschieden und gehandelt, während im Vorstandsbüro satter DAX-Koryphäen nur geredet wird. Pioniere wollen vorankommen, Controller ihre Ruhe. Wir gönnen uns ein Jahrzehnte währendes, fortschrittsvernachlässigendes Nickerchen.

Das hat Folgen für die Technologieführerschaft, für die Bilanz und für das Firmenimage. Die Wettbewerbsfähigkeit solcher verschlafener Organisationen sinkt. Und die Talente, welche diese Situation ändern könnten, nehmen verständlicherweise Reißaus. Die gute Nachricht ist aber: Wenn du zu den Pionieren gehörst, kannst du diesen Teufelskreis stoppen.

Was dir dieses Buch beibringen wird

Satya Nadella ist Geschäftsführer von Microsoft. Und er ist der Treiber einer beeindruckenden Transformation zum Cloud-Unternehmen. Nadella rät allen Unternehmen zu einem radikalen Abbau von Hürden für Transformation. Weil Transformation für den Fortschritt noch wichtiger ist als Innovation.

Auch hierzulande finden sich Vorreiterunternehmen, die sich einer überfälligen Transformation des Geschäfts nicht verschließen. Michael Hähnel ist Vorsitzender der Geschäftsleitung der Rügenwalder Mühle aus Bad Zwischenahn in Niedersachsen. Er berichtet: „Noch viel wichtiger als die umsatzseitig äußerst positive Entwicklung [plus 22 Prozent 2020-2021] ist für mich, dass sich die Rügenwalder Mühle als ein Lebensmittelhersteller mit zwei Standbeinen etabliert hat.“ Um die Transformation des Unternehmens mit 820 Mitarbeitenden voranzubringen und nachhaltiges Wachstum zu ermöglichen, hat das Familienunternehmen 2020 wichtige strukturelle und prozessuale Veränderungen vorgenommen. „Als

First Mover im Bereich der pflanzlichen Proteine in Deutschland treiben wir die dynamische Entwicklung dieser Kategorie weiterhin voran."

Der Schlüssel zu diesem Erfolg laut Hähnel: „Wir hinterfragen stets, was wir besser machen können."

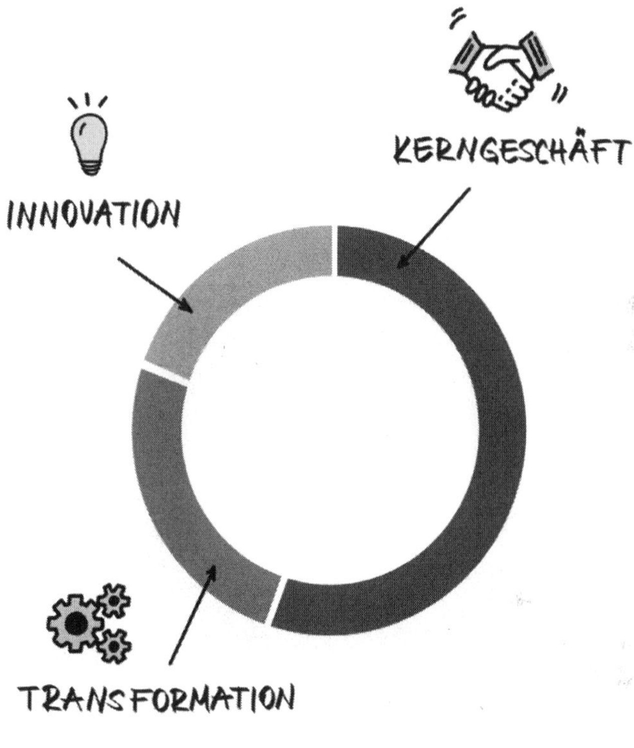

Abbildung 2: Wie viel Aufmerksamkeit widmen wir der Transformation?

Als Führungskräfte suchen wir alle den Innovations- und Leistungsschub, den adaptives Denken bietet. Diese Denkweise können wir bewusst kultivieren, um schnelle und verbindliche Entscheidungen innerhalb von Stunden oder Tagen zu treffen und umzusetzen. So können wir kritische Herausforderungen lösen und unsere Wettbewerbsfähigkeit stärken.

In vielen Firmen ist mittlerweile die Suche nach pragmatischen Lösungen ohne Ideologie klar erkennbar. Deshalb habe ich dieses Buch geschrieben. Ich habe zehn Jahre lang Transformationsprozesse auseinandergenommen, aufs Wesentliche reduziert und durchoptimiert. In deinen Händen hältst du außerdem das Ergebnis aus 135 Fachinterviews mit Wissenschaftlern und erfahrenen Führungskräften zum Thema Change. Was du aus diesem Buch für deine Arbeit mitnehmen wirst, sind keine Taktiken für Innovation. Stattdessen erwirbst du die Kompetenz, bestehende Grundannahmen, Prozesse und Strategien anzupassen, um Bürokratie abzubauen. Diese Fähigkeit heißt Adaptive Intelligenz (AQ). Sie ist verhaltenswissenschaftlich gesehen die Grundlage für Zukunftsfähigkeit und eine für die Transformation wichtige Führungskompetenz. Man kann sie auch das *agile Mindset* nennen, das neben den agilen *Methoden* bisher noch einen zu geringen Stellenwert erfährt. Eine Analyse der Boston Consulting Group aus dem Jahr 2021 unter 895 Transformationsprojekten fand heraus, dass nur 30 Prozent dieser Projekte erfolgreich waren. Das bedeutet, dass 70 Prozent, also mehr als zwei von drei solcher Projekte, ihre Ziele verfehlten[1]. Die Autoren benannten auch eine zentrale Lösung: Das „agile governance mindset." Die zentrale Rolle von unserem Mindset bei kognitiven Prozessen ist mittlerweile durch die Wissenschaft erforscht und mit gründlichen peer-reviews bestätigt. Ein Beispiel dafür ist die Arbeit von Standford-Forscherin Dr. Alia Crum.

Die Adaptive Intelligenz geht an die Wurzel der Agilität. Sie versetzt Menschen in die Lage, mit sich schnell wandelnden, stressigen, vielschichtigen Situationen umzugehen und dabei sinnvolle Entscheidungen zu treffen (und diese bei neuen Erkenntnissen wiederum zügig anzupassen). Die harte Wahrheit ist: Die meisten Führungskräfte haben diese Fähigkeit verloren oder nie besessen. Die gute Neuigkeit: Das agile Mindset ist (wieder) erlernbar.

Wenn wir die Adaptive Intelligenz von Menschen entwickeln, transformieren wir unsere Unternehmen schneller und kostengünstiger als mit jeder anderen Strategie. Wenn dich diese Aussage überrascht, dann

---

1 Analyse der Boston Consulting Group, basierend auf 895 Transformationsprojekten

lies weiter und lass dir von mir die vielen Erfolgsbeispiele europäischer und globaler Marken wie Microsoft, Telenor und Priceline zeigen.

Egal ob du Organisationsentwicklung betreiben oder nur deine eigene Arbeit ent-stressen und flexibilisieren möchtest: Dieses Buch ist dein Hebel, um den digitalen Wandel in deinem Arbeitsumfeld wirkungsvoll voranzutreiben.

Drei Prüfungen muss dieses Buches bestehen, um Unternehmen wie deinem wirklich helfen zu können:

1. Besitzt der Inhalt eine wissenschaftliche Grundlage?
2. Sind die erläuterten Maßnahmen bei echten Vorreitern beobachtbar?
3. Ist der Inhalt im Arbeitsalltag klassischer Unternehmen anwendbar?

Erstens basieren die Erkenntnisse in diesem Buch auf der Forschung führender Neurowissenschaftler wie Andrew D. Huberman, Ph.D. von der Stanford University und Verhaltensökonomen wie Dr. Desiree-Jessica Pely von der Ludwig-Maximilians-Universität München, die ich beide für dieses Buch interviewte.

Zweitens ist Adaptive Intelligenz die eigentliche Fähigkeit, nach der Menschen Ausschau halten, wenn sie Startups und ihre Gründer als Vorbilder heranziehen. Drittens ist die Adaptive Intelligenz im Arbeitsalltag von Unternehmen anwendbar und mit relativ geringem Aufwand trainierbar.

Für dieses Buch habe ich 135 ausgewählte Führungskräfte interviewt, um das geballte Wissen von Pionieren in der Führungsetage abzuleiten. Daraus entstand das Pionier-Kompetenzmodell, mit dem du deine persönlichen Fähigkeiten im Umgang mit Transformation bestimmen und entwickeln kannst. Somit hast du mit diesem Buch eine Toolbox in der Hand, mit dem du die Transformation in deinem Unternehmen merkbar vorantreiben kannst.

Wie du dieses Buch am besten verwendest

Ich habe in diesem Buch alle Informationen zusammengetragen. Es genügt allerdings nicht, diese nur zu überfliegen. Du musst deine Pionier-Fähigkeiten trainieren, um sie nutzen zu können. Möglicherweise hast du bereits eine Handvoll Bücher über Unternehmenstransformation gelesen. Vielleicht ist es aber auch dein erster Versuch, dem Wandel in der Arbeitswelt kompetent zu begegnen. In jedem Fall wirst du am Ende dieses Buches selbstbewusster und freudiger in einer Welt im Wandel handeln. Das ist mein Versprechen an dich. Ich bin mir sicher, du findest in diesem Buch viele neue Erkenntnisse und Werkzeuge, die dich in deinem Berufs- und sogar im Privatleben weiterbringen werden.

Das Buch besteht aus drei Teilen.

Im ersten Teil, *Rasender Stillstand,* wirst du das Kernproblem erkennen, das Transformationsprojekte schwierig und teuer macht: Alibi-Transformation bei gleichzeitig starrer Hierarchie. Wir lernen drei echte Pioniere kennen, die erleben durften, welcher Fortschritt mit den Pionier-Kompetenzen möglich ist.

Der zweite Teil, *Pioniere entfesseln das agile Mindset*, zeigt, mit welcher Methode dir und deinen Kollegen die Transformation von Arbeitsschritten und -kultur künftig wesentlich leichter fallen wird. Du erhältst erprobte Tipps und Vorlagen, um direkt ab heute effektiver zu führen. Und du bestimmst deinen dominanten Pionier-Archetypen mit dem Pionier-Kompetenzmodell.

Im dritten Teil, *Wie du zum Pionier* wirst, werden wir deine persönlichen Pionier-Kompetenzen aufbauen, damit du beim digitalen Wandel spürbare Akzente setzen kannst.

Jeder der drei Teile startet mit einer abenteuerlichen Geschichte. Man könnte auch sagen: mit dem Portrait eines echten Pioniers, ob als Experte bei der NASA, im Gespräch mit Michail Gorbatschow, oder im Cockpit eines manövrierunfähigen Flugzeuges. Außerdem hat das Buch einen Doppelcharakter: Es ist ein Sachbuch mit Ratgeberanteilen und einer direkten Ansprache an dich, den Leser. Mein Ziel ist es, dir fundiert und gleichzeitig anschaulich die Erfahrung aus meiner Transformationsarbeit mit mehr 70,000 Menschen weiterzugeben.

Eine Bemerkung zur Sprache noch: Ausschließlich zum Zweck der besseren Lesbarkeit habe ich auf eine genderspezifische Schreibweise sowie auf Mehrfachbezeichnungen verzichtet. Alle personenbezogenen Begriffe sind somit geschlechtsneutral zu verstehen.

Meine erste Aufgabe für dich

Ich bin davon überzeugt, dass wir durch Herausforderungen wachsen. Ich lade dich ein, sofort ins Tun zu kommen, indem du jetzt dein Mobiltelefon in die Hand nimmst und dir eine Erinnerung erstellst, jeden Tag fünf Seiten dieses Buchs zu lesen. In einem Monat oder weniger wirst du somit als Pionier spürbar kompetenter und gleichzeitig gelassener darin sein, Veränderungen in deinem Arbeitsumfeld voranzutreiben. Das kann ich dir garantieren.

Und jetzt wünsche ich dir reichlich Freude beim Einstieg in dein neues Abenteuer: die Reise zum Pionier in dir.

Alex T. Steffen
Berlin, im Frühjahr 2022

Verglühter Pioniergeist bei der NASA

An einem Tag im Februar 1986 klingelte das Telefon von *Richard P. Feynman*. Feynman war ein angesehener Wissenschaftler. Er hatte 1965 den Nobelpreis der Physik für seine Arbeit zur Quantenelektrodynamik erhalten. Der Anruf kam aus dem Weißen Haus. Wenige Tage zuvor war das Space Shuttle *Challenger* der Nationalen Luft- und Raumfahrtbehörde (NASA) beim Start explodiert. Alle sieben Astronauten waren dabei ums Leben gekommen; es war das schlimmste Unglück der US-Raumfahrtgeschichte. Feynman wurde gebeten, Mitglied der sogenannten *Rogers-Untersuchungskommission* des damaligen US-Präsidenten Reagan zu werden. Er sollte zusammen mit dem berühmten Astronauten Neil Armstrong und zwölf weiteren Experten herausfinden, was zur Challenger-Tragödie geführt hatte. Die NASA, so schien es, wollte aus ihren Fehlern lernen.

Feynmans erste Reaktion war ein klares Nein. Er liebte seine tägliche Arbeit und wollte auf keinen Fall mehrere Monate weit weg von seiner

Forschung verbringen. Doch der eigentliche Grund für sein Nein war seine Abneigung gegen bürokratische Systeme. Zeit seines Lebens hatte Feynman, ein Freidenker und Pragmatiker, sich durch behördliche und universitäre Strukturen eingeschränkt und gegängelt gefühlt. Und er hatte begriffen, dass Ämter und Kommissionen eigentlich nicht an der Wahrheit interessiert waren, sondern daran, keine Fehler zu machen oder zuzugeben. Er war sich sicher: Die Aufklärung der Tragödie hatte wenig Chancen auf Erfolg. Seine Frau überredete ihn schlussendlich, die ehrenwerte Aufgabe doch anzunehmen – aus Patriotismus und weil sie ahnte, dass ein Gelingen ohne Feynmans Beitrag ausgeschlossen war. Und sie sollte Recht behalten: Der Beitrag des „Pioniers" Feynman erwies sich als wesentlich für die Arbeit der Kommission.

Der Abschlussbericht enthielt neun Empfehlungen, um zukünftige Katastrophen zu verhindern. Einige davon formulierten deutliche Kritik an der inneren Organisation der NASA. Es war eindeutig, dass die Macht- und Arbeitsstrukturen der Challenger-Tragödie Vorschub geleistet hatten. Wir greifen drei zentrale Vorwürfe heraus:

1. **Fachwissen**: Das wissenschaftliche Verständnis des NASA-Managements wies schwerwiegende Mängel auf.
2. **Hierarchie**: Die Leitungsstrukturen setzten die Warnungen qualifizierter Mitarbeiter außer Kraft. Entscheidungen fielen auf Basis fragwürdiger Management-Urteile.
3. **Entscheidungsscheu**: Das NASA-Management hatte es versäumt, lösungsorientiert auf Konstruktionsfehler zu reagieren, die den Technikern seit über zehn Jahren bekannt gewesen waren.

Auch Feynmans Befürchtungen bestätigten sich. Der politische Druck innerhalb der Untersuchungskommission war immens. Er führte zu einer durchweg ineffizienten Arbeitsweise, die das Aufdecken von Fehlern nahezu unmöglich machte. Feynmans Kritik an den NASA-Strukturen drohte aufgrund von massivem Widerstand einiger Kommissionsmitglieder aus dem Abschlussbericht gestrichen zu werden. Die Untersuchungskommission selbst war von Bürokratie und Konformismus geprägt. In seinem Buch *What Do You Care What Other People Think?* beschreibt Feynman fünf zentrale Probleme, die die Arbeit der Kommission wesentlich erschwerten:

1. Die Zusammensetzung aus berühmten Personen, die nicht durchweg qualifiziert waren
2. Die ineffiziente Arbeitsweise und die Blockade der Untersuchung durch einzelne Mitglieder der Kommission
3. Die fehlende Berücksichtigung und Analyse zentraler „weicher" Faktoren wie zum Beispiel der schlechten Kommunikationskultur bei der NASA
4. Das bewusste Zurückhalten wesentlicher Informationen und die Manipulation von Zahlen, um die NASA besser dastehen zu lassen
5. Die Tendenz, Konsens über Wahrheit zu stellen, die den Abschlussberichts fahrlässig abschwächte.

17 Jahre später, im Februar 2003, verglühte das Space Shuttle *Columbia* beim Wiedereintritt in die Erdatmosphäre. Wieder starben alle sieben Astronauten. Wieder hatte das Ziel, die Menschheit durch Erkundung und Forschung im Weltall voranzubringen, einen schweren Rückschlag erlitten. Von außen betrachtet erschienen die beiden Unglücke wie zwei separate Geschehnisse mit unterschiedlichen Ursachen. Doch das *Columbia Accident Investigation Board* kam in seinem Bericht zu einem ernüchternden Schluss: "Die NASA hat die Lehren aus der *Challenger*-Katastrophe nicht gezogen. Das institutionelle Versagen, das für *Challenger* verantwortlich war, wurde nicht behoben."

Nach der ersten Space-Shuttle-Katastrophe hatte man bei der NASA trotz eindeutiger Appelle einfach genauso weitergearbeitet wie zuvor. Die traurige Wahrheit lautet: Worthülsen wie "Das darf nie wieder passieren" waren nichts wert. Aus Fehlern zu lernen hatte bei der NASA keinen Stellenwert. Die Jagd nach dem Neuen war so dominant, dass Erfahrungen nichts galten.

Kam dir beim Lesen des NASA-Desasters etwas bekannt vor? Ich wäre nicht überrascht, wenn sich einige der Punkte, die Feynman an der NASA und der *Rogers-Kommission* bemängelte, auch in deinem Arbeitsalltag wiederfänden. Viele von uns sind im Job Zeugen desselben Mangels an Lernwillen. Der Entwicklungswille auf der Managementebene fehlt viel zu oft.

Wie wir in diesem Buch lernen werden, brauchen wir Pioniergeist nicht nur zum Erschließen von Neuem, also für Innovationen. Pioniergeist bedeutet auch das Anpassen alter Strukturen an neue Gegebenheiten. Pioniere wirken dabei auf dreierlei Weise:

- Sie sind **Impulsgeber**, die existierenden Sichtweisen neue Alternativen an die Seite stellen.
- Sie sind **Motivatoren**, die in einem Missstand keinen Vorwurf sehen, sondern die Chance, gemeinsam eine Weiterentwicklung zu schaffen.
- Sie sind **Macher**, die auch gegen Widerstände die überfälligen Änderungen von Verhaltensweisen und Prozessschritten fördern und überwachen.

Im Folgenden lernen wir drei wahre Geschichten von Monique, Mark und Juliane kennen. Sie alle standen eingefahrenen Strukturen gegenüber, die die Effektivität ihres Unternehmens bremsten. Sie entwickelten daraufhin die Attribute von Pionieren, um die Strukturen wandelbar zu machen, Dinge konkret zu verändern und so ihre eigene Arbeit und die der Organisation entscheidend zu verbessern. Monique, Mark und Juliane fühlen sich heute erfüllt durch und gefordert in ihrer Rolle als Veränderer. Sie bescheren ihren Firmen dank ihrer neuen Kompetenzen einen Vorsprung bei der Transformation. Und sie demonstrieren, dass eine kleine Anpassung an genau der richtigen Stelle einen großen Effekt haben kann. Die NASA wäre besser dran gewesen, hätte sie Pionieren wie ihnen den nötigen Spielraum gelassen.

Kapitel 1.1

Passen diese Strukturen noch in die digitale Welt?

Juliane kanalisiert ihre Innovationskraft

Juliane kam stets mit frischer Energie zu ihrem Job bei einem namhaften Finanzdienstleister in Berlin. Sie hatte reichlich Ideen und Tatendrang und war bei ihren Kollegen für ihre Leistungsbereitschaft geschätzt. Zahlreiche Kollegen, abgestumpft von starren Abläufen, erledigten ihre Arbeit so, wie sie und ihre Vorgänger es schon seit vielen Jahren machten. Juliane aber war hungrig danach, die Firma nach vorne zu bringen. Sie hatte es sich zur Aufgabe gemacht, die Reaktion auf Kundenanfragen deutlich zu beschleunigen. Das kann im Finanzbereich ein Alleinstellungsmerkmal sein.

Beim Walt-Disney-Konzern gibt es für die Ambition, stets sein allerbestes für den Kunden zu geben, einen Begriff: *Above & Beyond*-Mentalität, also in etwa: Mehr tun als üblich und sich dafür auch jenseits der gewohnten Pfade bewegen. Für Juliane war diese Mentalität ein Teil ihrer Identität. Doch die Strukturen hielten Julianes Energie nicht aus. Während sie zu Beginn überall um sich herum Motivation säte, wurde sie mit der Zeit immer mehr ausgebremst. Alles musste nach den üblichen Prozessen laufen. Für jede einzelne Teilentscheidung musste Juliane Rücksprache mit einem der vielen Chefs halten und sich "von oben" einen "Segen" holen. Nicht etwa wegen mangelnder Erfahrung. Die Zentrierung der Entscheidungsmacht war einfach irgendwann zum unhinterfragten Teil der Unternehmenskultur geworden. Julianes Motivation wurde als Störung der gewohnten Abläufe wahrgenommen.

Abbildung 3: Zu beschäftigt für Transformation, inspiriert durch Hakan Forss, eigene Darstellung

Ellenbogen-Kultur

Was Juliane mindestens ebenso missfiel wie die Trägheit, war die Ellenbogen-Kultur. Die Kollegin, mit der Juliane gemeinsam das Team leitete, teilte eine Aufstellung mit Informationen zum Fortschritt eines Projekts nicht mit ihr. Als Juliane verwirrt nachfragte, warum das so sei, bekam sie die Antwort: "Das ist meine Liste, du musst dir selbst eine aufbauen!" Juliane wies erstaunt darauf hin, dass sie für das gemeinsame Ziel doch an einem Strang ziehen sollten. Die Kollegin fühlte sich dadurch in die Ecke gedrängt und behauptete, die Chefs würden nicht wollen, dass die Liste geteilt würde. Juliane war erschüttert. Dieses Verhalten war nicht nur sozial untauglich, sondern obendrein schädlich für die Firma.

Unkollegial handelnde Individualisten wie Julianes Kollegin wissen: Es fühlt sich gut an, gebraucht zu werden. Deshalb limitieren sie den Zugang zu ihrem gehorteten Wissen. "Man muss dann immer schön zu ihnen dackeln, wenn man etwas braucht, und das nährt ihr Ego." Dass andere dieses Verhalten durchschauen, merken solche Menschen meist gar nicht. Aber faktisch häufen sie kein soziales Kapital an (wie es hilfsbereite Kollegen tun), sondern werden eher verachtet, weil sie künstlich einen Informationsengpass kreieren. Neben erheblichem Frust im Arbeitsalltag bedeutet ein solches Verhalten ein Desaster für die Entwicklung des Unternehmens. Es erinnert an den Gouverneur von New Jersey, Chris Christie, der vor einigen Jahren aus Verärgerung über New Yorker Politiker auf einer der wichtigsten Straßenbrücken nach Manhattan eine Fake-Baustelle einrichten und dafür ohne realen Grund zwei von vier Fahrstreifen sperren ließ. Die Folge: Tagelang standen die Pendler morgens vier Stunden lang im Stau. Auch hier also: ein künstlicher Engpass aus egoistischen Gründen.

Wenn Informationen nicht fließen

Unter Führungskräften ist die Angst vor Kontrollverlust erschreckend weit verbreitet. Die Folge ist eine Zentrierung von Entscheidungsmacht. Und diese verhindert das Keimen neuer Ideen, für die es motivierte Impulsgeber wie Juliane braucht. Das noch größere Problem ist allerdings der fehlende Informationsfluss. Informationsaustausch ist aber eines der wertvollsten Güter – erst recht in der digitalen Ökonomie. Klappt der Transfer von Informationen nicht reibungslos, resultiert daraus ein Wissensverlust in vielen Abteilungen. Die fatale Kette sieht in etwa so aus: Eine wichtige Änderung wird nicht oder zu spät mitgeteilt. Das führt zu

Verzögerungen und Fehlern in den betroffenen Abteilungen – und bei Wiederholung schnell zu Spannungen und zum Frust. Der Frust wiederum erzeugt zunächst Vorwürfe und irgendwann Resignation. In der Folge strengt sich niemand mehr groß an. Man geht möglichen Konflikten lieber aus dem Weg. Das Resultat ist (wenn überhaupt) Mittelmaß – und auch noch so motivierte neue Mitarbeiter werden am Ende in diesen Sumpf hinabgezogen.

"Es existiert auch keine Echtzeit-Übersicht darüber, woran einzelne Abteilungen gerade arbeiten. So stellt sich gelegentlich heraus, dass verschiedene Abteilungen parallel am exakt gleichen Problem arbeiten, sich aber nicht gegenseitig befruchten können und ununterbrochen Ressourcen verschwenden", berichtet Juliane. Dabei könnte (und sollte) die gedankliche Vorarbeit einer Abteilung doch im gesamten Unternehmen genutzt werden. Aber die Vorgesetzten scheinen an einer Übersicht der laufenden Projekte gar nicht interessiert. Ganz im Gegenteil: Man reißt "sein" Projekt lieber an sich und verteidigt es auch dann mit Zähnen und Klauen, wenn es in sinnloser und Ressourcen verschwendender Doppelarbeit besteht. "Eigentlich sind Abteilungen wie Königreiche", sagt Juliane. „Regierst du mir nicht rein, tu ich es bei dir auch nicht. Und um knappe Ressourcen führen wir notfalls Krieg." Das Interesse des Gesamtunternehmens gerät häufig vollkommen aus dem Blick. Die „Königreiche" kommen bei zentralen Projekten nicht voran. Aber wer Ideen teilen will und Unterstützung anbietet, wird dennoch abgewiesen. Das klingt dann etwa so: «Danke für eure Ideen, wir kommen vielleicht später darauf zurück.»

Juliane war sehr bald enttäuscht. Sie hatte jahrelang studiert und sich auch neben dem Studium engagiert, um die richtigen Voraussetzungen für ihre "Traumfirma" mitzubringen. Im Bewerbungsgespräch wurde ihr dann alles Mögliche versprochen. Aber dann wurde sie zügig entmündigt und verstand, dass sie am wenigsten störte, wenn sie wie ein Roboter Aufgaben abarbeitete. Ohne den Sinn und die Abläufe zu hinterfragen. "Eine ehrliche Stellenausschreibung", sagt Juliane, „müsste bei manchen Firmen so lauten:

Wir erwarten ein hohes Maß an Durchhaltevermögen bei sinnfreien und trägen Verfahrensweisen. Du bist bei uns richtig, wenn du ein ausgeprägtes Verständnis für niedrige Kommunikationsstandards mitbringst. Deine Studien- und Arbeitserfahrung zählt ab deinem ersten Arbeitstag nichts mehr. Stattdessen wünschen wir uns absolute Hörigkeit."

Keine Selbstorganisation

Aber Juliane gibt noch nicht auf. Um eine effizientere interne Kommunikation zu schaffen, möchte sie selbständig Dokumente im Intranet hochladen. Das ist ihr jedoch nicht gestattet, weil diese Aufgabe laut Organigramm ausschließlich der Kommunikationsabteilung obliegt. Jeder Upload muss dort angefragt werden, wird geprüft und dann gegebenenfalls ausgeführt. Der Grund für diesen umständlichen Prozess, den es in vielen Unternehmen gibt, sind meistens zwei Ängste:

1. Ein Angestellter könnte die Standards der Firma für Design oder IT-Sicherheit nicht erfüllen. Diese Sorge ist in knapp 10 Prozent der Fälle berechtigt.
2. Man könnte den *Gatekeeper*-Status verlieren. Absegnen fühlt sich schließlich gut an.

Die Kapazität der Kommunikationsabteilung ist begrenzt. Sie ist stark überlastet und wird zum Flaschenhals. Eine einfache Information, die formal einwandfrei ist und einfach nur auf den Upload wartet, wird im Durchschnitt zwei Wochen (!) nach Julianes Anfrage veröffentlicht. Manchmal dauert es aber auch deutlich länger.

Juliane wartet natürlich zu Recht auf die Veröffentlichung. Es ist jedoch unangenehm, immer wieder nachzufragen. Entweder man nimmt die inakzeptable Verzögerung in Kauf, doch das verlangsamt die eigene Arbeit und die Abläufe im Unternehmen ungemein. Oder man akzeptiert die unattraktive Rolle als der nervige interne Kunde, der drängelt und einen Konflikt heraufbeschwört.

Dabei wäre eine agile Lösung so einfach zu gestalten. Zur Umsetzung braucht die Firma lediglich eine DIY (do-it-yourself)-Software,

Schulungen und die entsprechenden Berechtigungen. Als Konsequenz hätte sie einen agilen Prozess, der Ressourcen und Kreativität freisetzt. In vielen Unternehmen funktioniert es längst so. Dort hat die Kommunikationsabteilung – etwa mit der Softwarelösung *Canva* – Vorlagen erstellt, die den Designrahmen klar vorgeben. Alles, was Mitarbeiter aus der Software exportieren, entspricht nun automatisch den Vorgaben. Eine Prüfung wird obsolet, das Fehlerrisiko geht gegen Null. Es braucht lediglich die Offenheit der IT-Abteilung, eine solche Software-Lösung für alle freizuschalten.

Auch Juliane könnte mit solchen Vorlagen in wenigen Minuten selbstständig ihr Dokument erstellen. Sie würde zur eigenständigen Arbeit ermächtigt, und der Prozess würde von über zwei Wochen auf zwanzig Minuten beschleunigt. Außerdem würden sowohl bei Juliane als auch in der Kommunikationsabteilung Ressourcen freigesetzt, die an anderer Stelle effektiv eingesetzt werden könnten. Das nimmt Druck vom Kessel.

Wäre die IT-Abteilung irgendwann überzeugt, bräuchte Juliane aber noch die Berechtigung zum selbständigen Upload. Doch wer darf das? Viele Unternehmen sind noch immer fest unter der Kontrolle von *Compliance & Risk*. Überall engen strikte Regeln den Spielraum der Vorgesetzten und Angestellten ein. In bestimmten Fällen ist die Vorsicht sicherlich berechtigt. Ein Compliance-Verstoß kann teuer werden und muss vermieden werden. Die Realität beim Risiko sieht aber oft anders aus. Denn die berufsmäßigen Schwarzmaler der genannten Abteilung blenden den Schaden ihrer Weisungen für die organisatorische Effektivität komplett aus. Wenn man das Risiko von Schäden schon unterstellt, dann muss man es auch vergleichen mit den Kosten der Bewegungsunfähigkeit.

Eine unkonventionelle Herangehensweise wäre: Statt einigen wenigen Angestellten einzeln Nutzer- oder Zugangsrechte zu übertragen (höchst ineffizient bei gewaltigem Restrisiko) lautet die Norm: Alle bekommen Zugang, weil alle Vertrauenswürdigkeit unterstellt wird. Nur in begründeten Einzelfällen wird dieses Recht eingeschränkt. So bekommen die Mitarbeiter wieder Luft. Der Spielraum kehrt zurück. Zusätzlich könnte man die Herrschaften von *Compliance* damit beschwichtigen, dass die Mitarbeiter einmal geschult werden, bevor man ihnen das Hochladen von Dokumenten generell erlaubt.

Der Nutzen von Kompetenzübertragung ist immens. Er steht schon heute in keinem Verhältnis zum Schaden bei Fehlern. Doch sogar das kleine Schadensrisiko könnte mit ein paar einfachen Schritten gen Null minimiert werden. Und das möglicherweise stärkste Argument für eine Umkehr bei der Genehmigungspolitik: Der Spielraum der Angestellten für kreative Lösungen wächst mit einem Mal drastisch.

Juliane wurde recht schnell klar: Diese Umgebung erlaubte ihr nicht zu wachsen. Doch es fiel ihr durchaus schwer, sich neu zu orientieren. Einige Teammitglieder lagen ihr am Herzen. Sie wollte sie nicht im Stich lassen. Außerdem bedeutet ein Neuanfang bei einer anderen Firma auch immer einen Neustart "ganz unten." Aber nach einem Leadership-Training mit *Growth Masters* erkannte Juliane dann ihren wahren Wert. Sie konnte sehen, dass die Umorientierung hin zu einer neuen Firma riesige Chancen barg.

Mithilfe der *Jeff-Hoffman-Methode* (siehe Teil 2) schrieb sie genauestens auf, welchen Strukturen aus ihrem alten Job sie in zukünftigen Rollen nie wieder begegnen wollte. Sie entwarf sich ihre Traumrolle samt Arbeitsphilosophie selbst und steckte die Rechte und Pflichten gemeinsam mit ihrem Chef in der neuen Firma ab. In ihrer neuen Stelle kann Juliane auch ihren Arbeitsprozess selbst gestalten. Niemand gängelt sie. Informationen werden frei geteilt. Hier entfaltet sich ihre volle kreative Kraft. Im alten Job wurde sie über lange Zeit kleingehalten. Im neuen Job hat Juliane binnen wenigen Wochen Personalverantwortung. Ihr neues Team feiert wöchentlich Erfolge. Julianes Fazit:

„Mein neuer Chef hat bei mir Neugierde geweckt, weil er mir von Beginn an vertraut hat, dass ich mich mit meinen Themen auskenne. Er hat mich ausprobieren lassen - was sicher nicht immer einfach war - und mir viel echtes Interesse und Wertschätzung entgegengebracht. Mit Bewertungen hat er sich zurückgehalten und mir eher Fragen gestellt, die mich zum Nachdenken oder Reflektieren gebracht haben. Ziel ist es bei uns so eine Kultur zu schaffen, in der jeder Mitarbeiter wachsen kann, nicht nur beruflich, sondern auch persönlich.“

Julianes Geschichte zeigt: Top-Talente, die nicht nur herausragende Arbeit leisten, sondern auch als Pioniere zur positiven Transformation der Firma beitragen könnten, werden durch das Beharren auf den bestehenden Abläufen und (Macht)Strukturen systematisch weggeekelt. Eine Firma, die dies nicht erkennt, verliert ihre Talente und vergeudet so große Chancen, zukunftsfähig zu werden. In diesem Buch wirst du lernen, wie man solche Pioniere identifiziert, wertschätzt und bestmöglich in den Transformationsprozess einbindet. Doch vorher erfahren wir, wie es Mark erging.

Marks Firma entfesselt sich

Mark ist ebenfalls das, was Personaler ein Top-Talent nennen. Er ist seit fast zehn Jahren Projektmanager in einem Medienunternehmen in München. Er will Wert schöpfen. Er springt ein, wenn er gebraucht wird. Er findet es gut, nicht nur positives Feedback zu erhalten. Nur so kann er sich permanent verbessern. Auch er bemerkt, dass viele Vorgesetzte Angst haben, die Kontrolle zu verlieren. Daher versuchen sie alles, um Entscheidungsmacht zu behalten, und zentrieren sie. Doch die daraus folgende starre Hierarchie behindert die überfällige Erneuerung von Prozessen.

„Es dauert zu lange, bis Mittel bewilligt werden. Jeder Bedarf über 5.000€ erfordert fünf Unterschriften, und die Genehmigung dauert zehn Tage. Jede Anfrage geht durch mindestens zehn Hände, in pseudo-digitaler Form als PDF natürlich statt in einem digitalen Workflow", klagt Mark. Und was ist, wenn es mal wirklich dringend ist? Wenn beispielsweise der Kunde mit Stornierung droht? „Dann muss man seine Beziehungen im Unternehmen ausspielen. Wenn man Glück hat, kennt man die richtige Person an der richtigen Stelle, und dann geht es irgendwie doch. Das ist dann eher wie auf dem Basar und nicht wie in einem professionellen Betrieb." Kundenfreundlichkeit und Agilität gehen also nur mittels Vetternwirtschaft und Druck. Wie soll man da vorankommen?

Mark schlägt proaktiv Lösungen vor, um starre Prozesse zu vereinfachen. Er verspricht sich davon, bei seinen Projekten schneller zu

Ergebnissen zu kommen und gleichzeitig die Firma als Ganze nach vorne zu bringen. Auf verschiedenen Wegen versucht er, die Fehlentwicklungen anzusprechen. Das geht nicht, ohne auch Kritik am Verhalten seines Chefs zu üben. Der Chef nimmt aber weder wertvolle Ideen noch konstruktive, diplomatisch formulierte Kritik an. Es gibt leider auch keinen neutralen Kanal, über den Mark Feedback zu Prozessen, zur Hierarchie oder zur unbefriedigenden Arbeitspraxis äußern könnte. Die Überzeugung, dass der Chef alles richtig macht, einfach weil er der Chef ist, gilt im Unternehmen als gesetzt. Es ist genau wie bei einem auf Lebenszeit ernannten Lehrer oder einem lebenslang gültigen Führerschein: Die Eignung wird nicht mehr hinterfragt, obwohl jeder weiß, dass sie irgendwann bröckelt.

Um eine Veränderung zu bewirken, hängt Mark sich richtig rein – obwohl er sich damit nur Probleme einhandelt. Mitstreiter findet er nicht, weil sich niemand mit dem Chef anlegen will. Mark überlegt sich mittlerweile genau, wann er in den Konflikt geht und wann nicht. Immerhin steht ja sein eigener Weg in der Firma auf dem Spiel. Das Resultat: Die Firma lernt nicht mehr. Man verschließt sich der notwendigen Reflexion. Und so entsteht Mittelmaß.

Mark hat schon oft beobachtet, dass es nicht (mehr) genügt, wenn Ziele kaskadiert, also hierarchisch von Ebene zu Ebene verkündet werden, bis sie schließlich unten angekommen sind. Dieses Vorgehen ist einfach nicht dynamisch genug ist. Es verschafft einer einzigen Person Kontrolle, engt aber viele kreative Macher ein. Die vielen Management-Ebenen schaffen eine derartige Komplexität, dass man Wochen braucht, um ein simples Problem zu lösen. Diese Zentralisierung muss dringend aufgeweicht werden.

Abbildung 4: Was Menschen bei der Arbeit motiviert

Kürzlich hat Mark das Buch *Nine Lies about Work* gelesen. Er fand diesen Gedanken am besten: Großartige Firmen geben nur eine Sache von oben nach unten vor, nämlich Sinn. Der geht ihm seither nicht mehr aus dem Kopf. Selbstorganisierte Teams, denen Arbeitsprozesse nicht von oben vorgegeben werden, geben Informationen in der Regel zügig und an die richtigen Stellen weiter. Doch das erfordert vom Chef, seinen Mitarbeitern Vertrauen zu schenken, dass sie die richtigen Entscheidungen treffen. Und die Gelassenheit, kleine Fehler während der Umstellungsphase in Kauf zu nehmen.

Ja zum Mittelmaß?

In der Vorstellung von Vorgesetzten haben Mitarbeiter zu *funktionieren.* Funktionieren führt aber nie zu loyalen Mitarbeitern oder loyalen Kunden. Funktionieren führt zu Mittelmaß. Und Mittelmaß kann sich keine Firma mehr leisten. „Ich bin kein Rebell", sagt Mark. „Ich will doch einfach nur gute Arbeit leisten. Aber Machtstrukturen und Prozesse lassen das nicht zu." Die starre Hierarchie in seiner Firma erzeugt und belohnt Ja-Sager, die Dienst nach Vorschrift machen. „Ich habe unzählige Male versucht, mich in meinen Chef hineinzuversetzen, um zu verstehen, warum er sich so verhält. Mittlerweile bin ich der Überzeugung, er tut es zwar im Glauben, das Richtige zu tun, aber er ist einfach nicht reflektiert. Und ohne Reflexionsfähigkeit kann er ja keine alternative Realität erwägen."

In düsteren Momenten vergleicht Mark sein Unternehmen mit der Planwirtschaft der DDR bis 1990. Die fehlende Flexibilität geht so weit, dass Mark in seiner Arbeit massiv eingeschränkt wird. Er hat keine Möglichkeit, effektiv mit Kunden oder externen Partnern zu kommunizieren. Er merkt, dass eine überdurchschnittliche Leistung gar nicht gewollt ist. Überdurchschnittliche Resultate hingegen schon. Der Prozess legt ihm Handschellen an – und trotzdem erwarten die Vorgesetzten eine Entfesselung der Umsätze von ihm. Zumindest aber das Erreichen der vorgegebenen Planzahlen. Es ist absurd.

„Ich ruf sie von zuhause aus an."

Ein Phänomen, das man überall dort beobachten kann, wo starre Strukturen gute Arbeit einschränken, ist der Privathandy-Effekt. Die Firmen-Software lässt Mark keine Dokumente teilen, und die IT stellt sich seit Monaten quer. Sie beruft sich auf Compliance-, Risk- und Security-Regeln. Da der Kunde wartet, nutzt Mark zum Datenaustausch einfach sein privates Google-Drive-Konto. Natürlich weiß er, dass das aus guten Gründen nicht gestattet ist. Doch nur so kann Mark mit dem Projekt vorankommen. Das ist bei weitem kein Einzelfall. „Die Cyber Security wird so groß geschrieben, dass du gezwungen wirst, verbotene und gefährliche Sachen zu machen, nur um deinen Job zu erledigen", sagt er. Insbesondere große Unternehmen werden staatlichen Behörden immer ähnlicher, was Kultur und Arbeitsorganisation angeht. Sowohl in Großkonzernen als auch in Behörden denkt, designt und implementiert die IT realitätsfern – und das Team kann gar nicht anders, als die Regeln zu brechen. In einem deutschen Ministerium konnte ich den Privathandy-Effekt einmal direkt beobachten. Mit den genehmigten Kommunikationstools war der Informationsaustausch zwischen dem Minister und seinem Team gar nicht möglich. Die Mitarbeiter des Ministeriums kommunizierten mit dem Minister über ihr privates Handy, per WhatsApp. Der dynamische Alltag und die behäbigen Werkzeuge passten einfach nicht zueinander.

Den Mitarbeitern war völlig klar, dass sensible Daten hier ganz einfach hätten abgegriffen werden können. Doch wenn sie die Arbeit überhaupt erledigen wollten, blieb ihnen keine andere Wahl.

Mitarbeitende sind Experten und Spezialisten. Als Fachkraft hat man den Ehrgeiz, die Dinge selbst zu regeln. Die übermäßige Einschränkung der Autonomie gut ausgebildeter und hoch bezahlter Spezialisten ist eine massive Ressourcenverschwendung. Die eigentlich hochmotivierten Mitarbeiter fühlen sich wie durch einen unsichtbaren Rucksack beschwert oder wie bei einem Hürdenlauf mit Fußfesseln. Und sie lernen, dass nicht Argumente und Fakten ihnen die notwendigen Ressourcen verschaffen, sondern Vitamin B. Ihre Energie in innerbetriebliche Beziehungspflege umzulenken statt in gute, kreative Arbeit am Unternehmensziel, ist fast schon eine Veruntreuung von Betriebskapital.

Mark fühlt sich in seiner Rolle nicht mehr glücklich. „Wir fahren mit angezogener Handbremse." Noch nie war er emotional so erschöpft. Als sein Coach ihn einmal auffordert, in einer simplen Zeichnung zu beschreiben, wie er sich fühlt, sieht das Ergebnis so aus:

Abbildung 5: Die Batterie ist leer

Glücklicherweise ergibt sich genau zu dieser Zeit eine neue Chance. „Ab nächsten Monat haben wir einen neuen CEO", lautet das Memo im Intranet. Die Belegschaft wartet gespannt, was das bedeuten wird. Nach einigen Wochen ist klar: Es ist eine positive Wende.

Der neue Geschäftsführer ist kein Bewahrer, aber auch kein disruptiver Reformer. Er ist ein Pragmatiker. Er macht kühl kalkulierende „Realpolitik." Er handelt weder wie ein Fürst, noch verbreitet er Aktionismus. Stattdessen denkt er wie ein Forscher: Er stellt Hypothesen auf und sucht sinnvolle Lösungen für existierende Probleme. Er geht mit Offenheit an strukturelle Probleme heran, um bessere Methoden zu finden als bisher bekannt. Bei der Lösungsfindung setzt er auf Daten statt auf bestehende Konzepte. Debatten sind ihm willkommen. Denn relevante Lösungen entstehen nach seiner Überzeugung durch gute Argumente und nicht durch Job-Titel. Er ist bereit, auch seine eigene Sichtweise zu reflektieren und zu diskutieren. Das ermöglicht ihm, Verantwortung und Entscheidungsmacht zu übertragen, denn er sieht sich nicht als den schlauesten Menschen im Raum. Mark wird nun mehr und mehr in Entscheidungen eingebunden, weil er sich schon in der Vergangenheit einen Ruf als Ideengeber erarbeitet hat, der die Firma nach vorne bringen will. Endlich wird diesem Ansinnen nicht mehr mit Widerstand begegnet, sondern es wird belohnt.

Marks Geschichte zeigt: Auf der Entscheidungsebene braucht es Pioniere. Denn das „hohe Tier" hat im Guten wie im Schlechten eine große Hebelkraft. Ein Pionier, der im Organigramm weit oben steht, kann viel mehr bewirken als jemand ohne diese Macht. Ohne den Personalwechsel an der Spitze wäre ein wesentlicher Wandel in Marks Arbeitspraxis ausgeschlossen gewesen. Und das bringt uns direkt zur Geschichte von Monique.

Monique entlarvt Entscheidungsschwäche

Monique ist Personalchefin eines Unternehmens mit über 2500 Mitarbeitern. Häufig beobachtet sie die fehlende Selbstreflexion und den Mangel an Veränderungswillen unter ihren Führungskollegen. An den

Sitzungen der Geschäftsleitung stört sie der allgegenwärtige Konsens, der jegliche Veränderung unmöglich zu machen scheint. Befürwortet wird immer nur der kleinste gemeinsame Nenner, also Mittelmaß. Dieses Gremium existiert eigentlich, um klare Entscheidungen zu treffen und diese dann systematisch in die Organisation tragen. Doch schwache Entscheidungen und fehlender Durchsetzungswille bedeuten: Es mangelt ständig an der operativen Umsetzung. Auch Monate nach einem Beschluss hat sich oft einfach nichts bewegt.„Kennst du diesen Moment?" sagt Monique im Interview für dieses Buch. „In einer Sitzung sagt jemand etwas Unklares oder Unqualifiziertes. Doch niemand im Raum hat in dem Moment die Muße oder den Mut, ein Gegenargument zu geben. Also fließt ein schlechter Vorschlag durch Mangel an Gegenwehr einfach in das Konzept ein. Jeder weiß, es ist dumm, aber man macht es trotzdem." Das nervt Monique – zumal sie die Einzige ist, die dann doch nachhakt und kritische Fragen stellt. Wodurch sie zur Buh-Frau wird, die ständig herumkrittelt und den Betrieb aufhält. Aber ohne jemanden, der diese undankbare Rolle übernimmt, würde das Unternehmen den Bach runtergehen.

Keiner traut sich

Auch auf Mitarbeiterebene ist der Mut verkümmert, Verantwortung zu übernehmen, wie Monique erfährt. Sie hat eine heterogene Arbeitsgruppe abseits des Management-Zirkels aufgesetzt. Das Signal: Wir trauen euch Mitarbeitern einen Beitrag zu strategischen Entscheidungen zu. Die Zielsetzung lautet: Es soll ein Grundlagenpapier mit 15 Vorschlägen für veränderte Arbeitsabläufen entstehen, also das Fundament für eine konsequente Veränderung. Monique weiß aus Erfahrung, dass schwache Aussagen keine Bewegung im Team schaffen. Sie bittet die Arbeitsgruppe daher explizit um scharfe Formulierungen.

In der ersten Sitzung formuliert die Arbeitsgruppe noch zügig klare und mutige Sätze. Das Ziel ist in Sicht. Doch dann geschieht etwas Merkwürdiges: Je weiter die Gruppe fortschreitet, desto öfter hinterfragt sie die eigenen Worte. Die Sätze werden verwässert. Kritische Formulierungen werden geschönt und ins Positive gedreht. Das Argument: Positive Sätze würden eher motivieren. Doch Monique kennt die Wahrheit: Es ist die allgegenwärtige Angst, die Arbeitsweise anderer direkt zu kritisieren. Wie soll sich da etwas verändern?

Passivität statt Führung

Monique berichtet: „Unsere mittleren Führungskräfte warten stets ab, bis ihnen die Leute etwas zum Absegnen vorbeibringen. Sie sind passiv statt aktiv." Es kommt ihr so vor, als hätte niemand wirklich den Willen, die Organisation zu bewegen. Das ist aber ihre Aufgabe! Monique nennt das *professionelle Prokrastination*. Prokrastination, auch Aufschieberitis genannt, ist ein Verhalten, bei dem Aufgaben trotz vorhandener Gelegenheiten und Fähigkeiten nicht oder erst verspätet erledigt werden. Stattdessen werden häufig Alternativtätigkeiten ausgeführt, die angenehmer sind. Arbeiten in der Komfortzone also. Die eigentliche Aufgabe wird dann gar nicht oder nur unter Druck erledigt. Wenn denn jemand diesen Druck ausübt.

Mit professioneller Prokrastination gelingt leider keine Transformation. Man bringt seine Firma nicht nach vorne. Monique hat erkannt: Eine positive Veränderung erfordert vor allem Kampf und Konsequenz. Sie sagt: „Ein Gedanken-Virus hat Manager und Angestellte fest im Griff: bloß nicht anecken. Sie trauen sich keine Entscheidungen mehr zu. Sie gehen auf Zehenspitzen." Dabei drohe niemandem etwas Existenzielles: „Wir fallen weich und haben trotzdem Angst", beschreibt sie die Situation. Um den Konsens zu wahren, ist alles recht – auch das Verschwenden von Geld. Die wichtige Fähigkeit der Auseinandersetzung wurde den Angestellten abtrainiert. Die Angst, etwas falsch zu machen, führt unweigerlich zum Mittelmaß. Und die Führung nimmt das in Kauf. Man sucht Konsens, wo eine konstruktive Debatte notwendig wäre. Und so drückt selbst dann, wenn es mal einen Schritt in Richtung Veränderung gibt, immer das alte System ins Neue. Die Logik ändert sich nicht. „Reine Alibi-Transformation", nennt Monique das.

Sie hat sich vorgenommen, diese lähmende Blockade ein für alle Mal zu durchbrechen und eine Kultur der Verantwortungsübernahme zu fördern. Immerhin steht die Zukunft ihres Unternehmens auf dem Spiel.

Moniques Luxus, den sicherlich nicht alle Leser teilen: Sie ist Teil der Geschäftsleitung. Aus anderen Jobs weiß sie: Großartige Teams übernehmen Verantwortung füreinander sowie für die übertragenen Aufgaben. Und sie sprechen Schwierigkeiten an. Und genau dazu möchte Monique ihr Team bewegen. Doch die bestehende Arbeitsphilosophie grenzt Reformer wie sie aus. Wer kritisiert, wird zum Außenseiter.

Ein Wandel der Arbeitsweise erfordert Zeit und Durchhaltewillen. Und den Wandel anzuführen ist in einer Welt im Wandel bitter nötig. Monique fühlt sich mit dieser Ansicht alleine. Doch sie lässt sich nicht beirren – weil sie spürt, dass sie „für die richtige Sache" kämpft. Wo andere längst aufgegeben hätten, ist Monique weiterhin am Ball. Sie steht nach Enttäuschungen wieder auf. Sie kämpft besonnen und mutig weiter. Das macht sie zu einem Pionier der Veränderung.

Lebenslanges Lernen

Monique entschließt sich, eine Ausbildung zum *Business Pionier* zu machen. Sie will ihre *Adaptive Intelligenz (AQ)* und die Attribute von Entrepreneuren ausbauen und erproben. Jetzt fühlt sich Monique in ihrer Rolle als Treiberin der Veränderung wohl. Sie findet Freude daran, andere Veränderer zu ermächtigen und zu coachen. Monique hat bereits ein Netzwerk gegründet, das den Austausch von Pionieren in der Organisation fördert. Eine Bewegung für nachhaltige Veränderung wächst heran.

Monique investiert jetzt außerdem in ihre mentale Gesundheit. Sie hat erkannt, wie wichtig es für Pioniere wie sie ist, regelmäßig aus dem Tagesgeschäft auszubrechen, um neue Perspektiven zu finden. Sie nimmt sich nun bewusst Zeit, um die Kraft aufzubringen, auch bei Widerstand und Spott stark zu bleiben. Nur mit mentaler Gesundheit kann ihr Durchhaltewille langfristig aufrechterhalten bleiben. Auf der Management-Ebene fühlt sie sich nun bereit, Kollegen und sogar ihren Vorgesetzten, den Geschäftsführer, in die Verantwortung zu nehmen. Auf Mitarbeiter-Ebene gibt sie dem aktiven Umsetzen und Ausprobieren nun mehr Raum und agiert als geduldiger Coach.

Sie berichtet: „Jedes Mal, wenn ich nun einem Angestellten eine Aufgabe übertrage, gehe ich einerseits klarer, andererseits geduldiger vor als früher. Erstens fordere ich die Person auf, in eigenen Worten noch einmal zu formulieren, wie sie die Zielsetzung verstanden hat. Das sichert die Ausrichtung. Es reduziert auch die Gefahr, dass aus Angst, einen Fehler zu machen, ein mittelmäßiges Resultat zurückkommt. Zweitens betone ich immer wieder mein Bekenntnis zu konstruktiver Kritik an bestehenden Strukturen und Praktiken. Das gibt meiner Mannschaft die Sicherheit, dass experimentiert werden darf."

Zusammenfassung Kapitel 1.1

Was sind die Gemeinsamkeiten der Erlebnisse von Juliane, Mark und Monique? Alle drei haben Freude daran, etwas zu bewegen. Sie sind diejenigen, die die Organisation wirklich nach vorne bringen könnten, doch sie werden vehement blockiert. Sie stoßen auf Vorgesetzte und Kollegen, die nicht die Zukunft gestalten, sondern die Vergangenheit verteidigen. Diese Menschen verstecken sich hinter den starren Strukturen und Hierarchien, schaffen sich ihre „Königreiche" und stehen permanent auf der Bremse.

Im Ergebnis leidet der Informationsfluss, es fehlt an Flexibilität, Selbstorganisation und Verantwortungsgefühl, und es ist nicht üblich, Kritik offen zu formulieren und aus Fehlern zu lernen. Das Mittelmaß regiert und man will vor allem Fehler und Konflikte vermeiden und nicht anecken.

Unternehmen brauchen aber Antreiber, die die Ruhe des Konsens stören und die Lust auf Veränderung verbreiten, weil sie diese Lust in sich tragen. Nur sie können den Aufbruch auslösen, den es braucht, um sich auf veränderte Bedingungen einzustellen.

Vor der Frage, wie so ein Aufbruch gelingen kann, sind weiterhin viele Unternehmen ratlos. Warum das so ist, erkunden wir im folgenden Kapitel.

Kapitel 1.2

Gelähmte Organisation

Agiles Mindset als Schlüssel zur Zukunft

„Agilität" bedeutet nichts anderes als die Fähigkeit einer Organisation, schnell auf Ressourcen zuzugreifen. Ändert sich ein Umstand im Markt, so kann ein agiles Unternehmen sich zügig und entschlossen auf die neue Situation einstellen. Es hat Spielraum.

Im Zentrum jeder Organisation stehen die Werte, die Führung und die Technologie. Starke Werte, ermächtigende Führung und moderne Technologie machen Unternehmen effektiv und Teams agil. Sie motivieren die Mitarbeiter (positive *Employee Experience, EX*) und überzeugen die Kunden (*Customer Experience, CX*). Denn von der Arbeitsorganisation hängt maßgeblich die Kundenzentrierung und damit die Wettbewerbsfähigkeit ab. Eine toxische Kultur, ein kontrollintensives Mikromanagement und eine veraltete IT-Infrastruktur hingegen führen zu einer aufgeblähten und gelähmten Organisation. Der amerikanische

lange keine zeitgemäßen Entscheidungen mehr treffen. Aber sie wissen genau, wie man alte Machtstrukturen zementiert. Nur selten (und oft zu spät) werden sie ausgemustert. Das agile Mindset wurde und wird aber auch den Angestellten systematisch ausgetrieben. Sie werden paralysiert durch immer neue Vorgaben und richten sich im bequemen Trott ein. Und sie trauen sich nicht mehr, selbst Entscheidungen zu treffen. Denn im Gestrüpp des firmeneigenen Regelwerks kann jede Bewegung sich als Fehltritt mit gravierenden Konsequenzen für Nerven und Karriere erweisen.

Stell dir einfach mal die folgende Frage: Bringen die Entscheidungen deines Chefs oder deiner Chefin deine Firma insgesamt nach vorne? Verbessert das Verhalten deiner direkten Kollegen gegenüber anderen die Teamdynamik oder lähmt es sie eher? Natürlich geht es dabei um eine Vielzahl von einzelnen Aktionen. Sicherlich kannst du trotzdem eine Tendenz spüren. Dabei hilft es, zwei generelle Mindsets zu unterscheiden:

Starres Mindset (voreingenommen): Überwiegend *planorientiert*, auch dann, wenn der Prozess suboptimale Lösung bietet

Agiles Mindset (aufgeschlossen): Überwiegend *lösungsorientiert*, auch dann, wenn dafür strukturelle Veränderungen nötig sind.

Das problemlösende agile Mindset setzt eine Aufwärtsspirale der Möglichkeiten in Gang, wie wir sie in Marks Firma beobachten konnten, nachdem die neue Geschäftsleitung losgelegt hat. Das starre Mindset hingegen bewirkt eine Sackgasse, oder schlimmer, eine Abwärtsspirale, die sich mit jeder Aktion selbst verstärkt. Sie hat viele Organisationen fest im Griff. Und neue, agile Methoden auf so ein krankes System zu setzen, schafft noch keinen Umschwung.

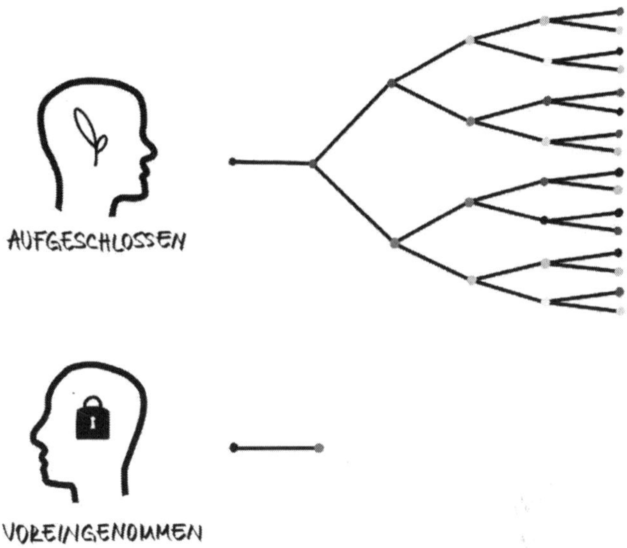

Abbildung 7: Das agile Mindset (aufgeschlossen) und das starre Mindset (voreingenommen); inspiriert durch Newhappyco, eigene Darstellung

Es ist nicht das Veto gegen bestimmte Handlungen, das das starre Mindset so problematisch macht. Zweifel bedeuten nicht automatisch „Blockade“. Aufgrund sachorientierter Überlegungen und Kenntnisse seine Zweifel an der Umsetzbarkeit oder Sinnhaftigkeit einer Idee zu äußern ist immer wichtig und richtig. Das Frustrierende für Menschen, die die Firma nach vorne bringen möchten, ist die Pauschalkritik an allem Neuen im Sinne von „Was ich nicht kenn, fass ich nicht an." Neues zu hinterfragen ist gut. Es sollte allerdings stets aus einer Haltung der Offenheit, nicht Sturheit, geschehen. Menschen, die im starren Mindset arbeiten, ignorieren oft Inhalte und Sinnhaftigkeit und haben eine Risikoaversion gegen alles, was nicht die eigene Linie bestätigt oder stützt. Sie verhalten sich *protektorisch*, kämpfen also in erster Linie für die Wahrung der eigenen Entscheidungsmacht und gegen die Verletzung der eigenen Komfortzone:

Der Autor und Philosoph David Foster Wallace sagte 2005 am Kenyon College in seiner berühmten Abschlussrede mit dem Titel *This is Water* : „Wir alle haben zahlreiche blinde Gewissheiten. Diese Engstirnigkeit gleicht einer totalen Gefangenschaft. Der Gefangene weiß nicht einmal, dass er eingesperrt ist." So ergeht es auch dem Top-Manager, der nicht einmal merkt, dass er rein gar nichts transformiert.

Schau dir zur Vertiefung das folgende Video auf Youtube an: This is Water – Full version David Foster Wallace Commencement Speech (Englisch)[2].

Auch innovative Firmen können sich ein rückständiges Mindset einkaufen

Sina ist Facharbeiterin bei einem amerikanischen Vorreiterunternehmen für Elektromobilität in Berlin. Ihre Managerin ist gerade von einem deutschen Autobauer zu ihrer Firma gewechselt. Die Managerin bringt ein rigideres Regelwerk und ihre eigenen Vorstellungen von Arbeitsabläufen mit, die nicht immer zu den dynamischen, agilen Arbeitsweisen vor Ort passen.

Sina hat bereits sechs Monate für die Firma gearbeitet und wechselt nun intern ihre Rolle. Dieser Wechsel ist schriftlich vom Bereichsleiter und der Personalabteilung bestätigt. Sina ist sichtbar hochmotiviert und leistet täglich mehr als von ihr gefordert wird. Ihr Commitment wird von keinem ihrer Kollegen angezweifelt.

Die Firma baut den Standort rasant auf und ist auf Sinas zügige Einarbeitung angewiesen. Wie so oft im Tagesgeschäft wird der neue Arbeitsvertrag daher gerade aufgesetzt, als Sinas Onboarding für die neue Rolle schon beginnt.

Mit der neuen Rolle hat Sina Anspruch auf ein Geschäftstelefon. Ein Kollege leitet, wie in solchen Fällen üblich, die Bestellung des Arbeitsgeräts ein. Sina soll schließlich schnellstmöglich die notwendigen Soft-

2 https://youtu.be/8CrOL-ydFMI

wareprogramme nutzen können. Als die Managerin von der Bestellung erfährt, ist sie erbost. Sie fährt Sina und den anderen Mitarbeiter hart an. Ihre Begründung: Das Telefon könne erst bestellt werden, wenn der Vertrag unterzeichnet sei.

Dieser ressourcenschonende Standpunkt ist grundsätzlich nachvollziehbar und sinnvoll. Leider zerstört der Führungsstil in diesem Fall mehr als er sichert. Und zwar auf zwei Wege:

Erstens, das Risiko, dass dem Konzern Kosten für ein ungenutztes Arbeitsgerät entstehen, rechtfertigt selbst bei einem rund 500€ teuren Telefon nicht die Entscheidung. Denn der Aufwand, den die Verzögerung im Arbeitsfluss bewirken würde, wenn Sina das Telefon erst zwei Wochen später - nach dem Onboarding - erhielte, wäre weitaus höher. Schätzen wir allerdings das tatsächliche Restrisiko von (statistisch großzügigen) 10 Prozent, dass Sina die Stelle dennoch absagt, wären die echten Kosten, die man für diese Entscheidung veranschlagen müsste, aber nicht 500€, sondern 50€! Das Abwägen gehört zum agilen Mindset einer Führungskraft eben dazu.

Zweitens, die Überreaktion der Managerin schädigt die Arbeitsmoral von zwei engagierten Mitarbeitern deutlich. Sina berichtet: „Wir fühlten uns beide ganz schön vor den Kopf gestoßen." Wenn sie jemals an ihrem Commitment für die Rolle oder die Firma gezweifelt hätte, dann *jetzt.* Zudem schadet es der Arbeitgebermarke, wenn ein Vorreiterunternehmen zulässt, dass sich eine rückständige Führungskultur entfaltet. Diese Geschichte macht hoffentlich deutlich, dass ein starres Mindset einiges anrichten kann.

Die zwei Wächter

Das starre Mindset lässt sich auf zwei Grundbedürfnisse des Menschen herunterbrechen: *Kontrollverlust vermeiden* und *Unangreifbarkeit bewahren.* Wenn es um Change-Prozesse geht, sind es vor allem diese zwei Faktoren, die den Fortschritt in Teams und Organisationen hemmen. Daher nenne ich sie die zwei Wächter am Tor zum Erfolg. Wir können sie anhand zweier Archetypen verdeutlichen: *Kontrolleur* und *Politiker.*

1. Der Kontrolleur will Kontrollverlust vermeiden durch:

- Mikro-Management
- Das ausartende Kaskadieren von Entscheidungen
- Eine Fixierung auf den Plan
- Das Beharren auf Budgethoheit
- Die fehlende Bereitschaft, Entscheidungskompetenz abzugeben
- Die Verteidigung des eigenen Status

2. Der Politiker will unantastbar bleiben durch:

- Das Absegnen jeder noch so kleinen Entscheidung
- Konsens bei der Beschlussfassung
- Debattenscheu
- Pauschale Risikoaversion
- Manipulation von Daten und Abmachungen
- Beharren auf Genehmigungsprozessen zum eigenen Schutz
- Verteidigung der eigenen Überzeugung aus Stolz

Die toxische Mischung besteht aus einer Zentralisierung von Macht bei gleichzeitiger Risikoaversion. Man könnte auch sagen: ein Kontrollfreak im Blindflug. Innovation wird ausgeblendet – und wo sie sich dann doch einschleicht und erfolgreich durchsetzt, wird sie einfach nachträglich zur Strategie erklärt. Auch wenn der Erfolg in Wahrheit nur auf der noch größeren Ambitionslosigkeit der Mitbewerber beruht.

Wie Juliane, Mark und Monique am eigenen Leibe zu spüren bekamen, installieren Kontrolleure und Politiker die folgenden lähmenden Automatismen:

- Die Genehmigung ist wichtiger als die Sinnhaftigkeit.
- Das Abhaken ist wichtiger als der Mehrwert.
- Der Konsens ist wichtiger als die Lösung.

Solange diese Automatismen wirken, hängt ein Unternehmen in Sachen Innovation und Transformation am Tropf. Dieser Tropf sind externe Berater, Experten und neue Angestellte (solange sie noch nicht resigniert haben). Das ist weder nachhaltig noch effizient. Wenn also Kontrolleure und Politiker den größten Teil der Entscheider stellen, sollten im Unternehmen die Alarmglocken schrillen. Will es agiler werden, muss es Leute mit agilem Mindset anheuern – und sich von solchen mit starrem Mindset trennen. Denn wenn wir das Tagesgeschäft und die Organisation nicht transformieren können, dann brauchen wir die Firma der 2030er gar nicht erst zu designen. Beginnen wir also statt beim großen Wurf der Innovation erstmal bei der Transformation des Tagesgeschäfts. Das schafft man ganz konkret durch das Ausstatten "hungriger", also tatkräftiger und innovativ denkender Angestellter mit Kompetenzen und Freiheiten. Es geht um Verantwortungsübergabe und um die gewissenhafte, geduldige Begleitung auf dem Weg zu selbständigen Entscheidungen.

Aus dem Pionier-Werkzeugkasten: 2% Pionierzeit

„In meiner Abteilung sind wir total unter Wasser. Ich hab so viel auf dem Tisch liegen, dass ich trotz massig Überstunden nicht alles schaffe. Wir haben hier keine Zeit für Innovation oder Change." So oder so ähnlich klingt der Blankoscheck für Kontinuität. In den meisten Fällen ist es nicht einmal ein Vorwand. Wer nachhakt, findet zwar oft, dass der Grund die schlechte Priorisierung und unnötig komplizierte Abläufe sind, und nicht die Arbeitslast selbst. Doch das wird gekonnt ausgeblendet.

Jeder Stratege weiß aber: Ohne Innovation und ständige Verbesserung der Arbeitsweisen und Abläufe können Firmen nicht wettbewerbsfähig bleiben. Change muss parallel zum Tagesgeschäft laufen, ob man das will oder nicht. Trotzdem tolerieren viele Manager den gefährlichen Stillstand.

Aber eines bleibt doch wahr: Obwohl das Thema Arbeitsbelastung im OP-Saal, auf einer Bohrinsel oder in einer Nachrichtenredaktion garantiert ebenfalls eine große Rolle spielt und dort außerdem sicherlich mehr auf dem Spiel steht als in einem normalen Bürojob, findet an diesen „Hotspots" täglich Innovation statt. Wie kann das sein?

Die Autoren des Buches *Open Strategy*[3] haben gezeigt, dass sowohl die strategische Planung als auch die Gestaltung einer neuen Arbeitslogik davon profitieren, wenn Menschen aus der gesamten Belegschaft mitwirken. Doch wie soll Innovation neben dem Tagesgeschäft funktionieren?

Ein Pionier als Vorgesetzter nutzt hierfür die Methode „2% Pionierzeit". Sie ist elegant und konsequent zugleich. Im ersten Schritt werden zwei Prozent der Arbeitszeit als Pionierzeit reserviert. Diese 45 Minuten pro Woche sind „heilig." Sie stehen jedem Mitarbeitenden im Unternehmen zu und dürfen durch keinen anderen Termin bedrängt werden. Nur mit dieser Konsequenz hat man überhaupt eine Chance, dass Menschen sich mit der Weiterentwicklung der Firma beschäftigen. Es ist ein kleiner Abstrich im Alltag, aber ein Riesenschritt für die Innovationskraft der Firma.

Im nächsten Schritt wird die Pionierzeit dort ausgeweitet, wo es möglich und mit hohem Potenzial für die Fortentwicklung der Firma verbunden ist. Ein mögliches Ziel sind zehn Prozent der Arbeitszeit, wie das bei Branchenführern wie Google, Microsoft, aber auch im belgischen Ministerium für soziale Angelegenheiten der Fall ist – mit beeindruckenden Ergebnissen[4].

---

3 Stadler, Christian; Hautz, Julia; Matzler, Kurt; und von den Eichen, Stephan Friedrich

4 Schüler, Anne und Steffen, Alex T, *Die Orbit Organisation*, Gabal 2019

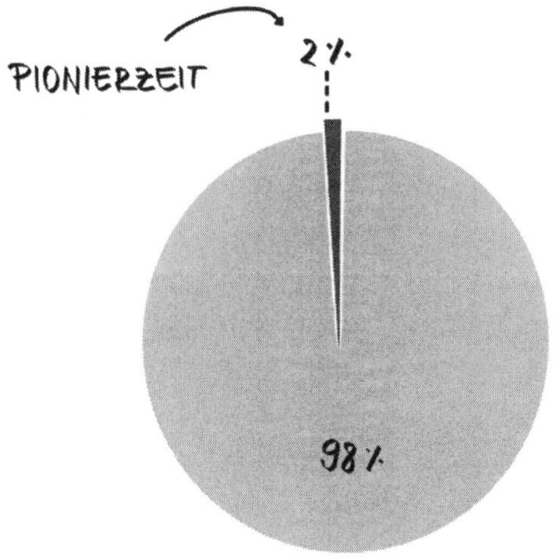

Abbildung 8: Warum wir uns bei der Transformation im Kreis drehen

Gefangene des eigenen Denkens

Psychologen führen problematische Verhaltensweisen häufig auf *kognitive Verzerrungen* (*kognitiver Bias*) zurück, wie etwa das einseitige Beurteilen einer Situation. Der oder die Betroffene hat eine voreingenommene Sicht auf die Welt, ohne sich dessen bewusst zu sein. In Europa glauben wir, Europa gehöre in die Mitte jeder Weltkarte. Aber in China liegt Asien in der Mitte. Für die Chinesen liegt Europa im Westen, und Amerika ist der Ferne Osten. „Ein Globus verdeutlicht es am besten: Es gibt keine allgemeingültige Weltkarte, es gibt nur Perspektiven auf die Welt. Dieser Umstand zeigt, dass wir in unserer Wahrnehmung meist beschränkt sind", sagt die Expertin für juristischen Content Su Reiter im Interview. Es gibt zwei kognitive Verzerrungen, die die Weiterentwicklung von Arbeitsstrukturen besonders bremsen. Schauen wir uns beide näher an.

Konservatismus beschreibt die Tendenz, seine Glaubenssätze ungenügend zu korrigieren, wenn einem neue Beweise vorgelegt werden. Aufgrund dieser Voreingenommenheit revidieren die Menschen ihre

Überzeugungen langsamer, weil sie ihre früheren Überzeugungen über- und neue Beweise untergewichten. In ihren Augen sind Veränderer verrückt. Und zwar selbst dann, wenn diese sich zwar weniger disruptiv verhalten als der Markt, aber dennoch schneller als der Betrachter selbst. Das Festhalten an der „guten alten Zeit" ist ein Kampf gegen die Realität, den man nur verlieren kann. In einer dynamischen Wirtschaft und Gesellschaft sind nicht die Veränderer „verrückt". Verrückt ist, wer an alten Strategien festhält und gleichzeitig zeitgemäße Ergebnisse erwartet. Eine binäre Welt aus Richtig und Falsch entsteht. Der Konservatismus bestärkt die Besitzstandswahrer in ihrem Glauben, nur sie würden die richtige Antwort kennen. Er schaltet das Radar für Neues einfach ab. Das führt einerseits dazu, dass Vorgesetzte Entscheidungsmacht nicht abgeben wollen. Andererseits verlernen Angestellte, Verantwortung zu übernehmen oder bekommen dies gar nicht erst beigebracht.

Der **Ambiguitäts-Effekt** ist eine kognitive Verzerrung, bei der menschliche Entscheidungen beeinflusst werden durch Informationsmangel oder durch „Ambiguität," also Ungewissheit über das, was kommt und das Leben bestimmen wird. Menschen, die mit dieser Sichtweise leben, treffen Entscheidungen eher zugunsten der Optionen, die wahrscheinlich ein gewünschtes Ergebnis hervorbringen. So weit, so gut. Sie neigen aber dazu, Optionen zu ignorieren, bei denen die Wahrscheinlichkeit eines gewünschten Ergebnisses nicht bekannt ist. Dies kann zu der falschen Annahme führen, dass eine in der Vergangenheit getroffene Entscheidung grundsätzlich die beste Reaktion auf eine neue Herausforderung ist. Und zwar einfach, weil es keine Beweise dafür gibt, dass eine alternative Entscheidung funktioniert und vielleicht sogar besser ist. Der Ambiguitäts-Effekt bremst mutigen Pioniergeist in Organisationen aus. Er bewirkt, dass der Veränderung ein zu geringer Stellenwert eingeräumt wird und das Alte dominiert.

Dass jemand nicht bereit ist, sich zu wandeln, ist erst einmal nachvollziehbar. Immerhin muss man die anspruchsvolle Leistung erbringen, beiden Verzerrungen zu widerstehen. Man muss bewusst darauf verzichten, die eigene Sichtweise als den einzig schlüssigen Weg zur Lösung zu betrachten, obwohl die Bereitschaft, sich überzeugen zu lassen, am Ego kratzt – erst recht, wenn es sich um einen Untergebenen handelt.

Und man muss bereit sein, eine neue, unbekannte Herangehensweise zu akzeptieren – obwohl die Offenheit für neue Argumente die Sicherheit bedroht, in der man sich wiegt.

Die so gerne gepredigte Agilisierung des Unternehmens hat eine selten erwähnte Grundvoraussetzung: Der Kern des Wandels ist nicht die organisationale Agilität, sondern die persönliche Adaptivität. Im Kapitel 2.2 betrachten wir die Adaptive Intelligenz und die neurowissenschaftlichen Zusammenhänge näher, die es möglich machen, Kontrolle auch unter Unsicherheit abzugeben.

Zusammenfassung Kapitel 1.2

„Agilität" bezeichnet die Fähigkeit einer Organisation, schnell auf Ressourcen zuzugreifen.

Dabei spielt das Mindset eine entscheidende Rolle. Ein **starres Mindset** ist auf den Plan fixiert, auch wenn dies schlechtere Lösungen und Ergebnisse bedeutet. Ein agiles Mindset hingegen konzentriert sich auf die beste Lösung – egal, was das für die gewohnten Strukturen und Abläufe bedeutet. Ausgebremst wird Agilität nicht durch begründete Zweifel an einzelnen Ideen, sondern durch eine pauschale Skepsis gegenüber jeder Veränderung. Diese Skepsis speist sich in der Regel aus den „zwei Wächtern": dem Vermeiden von Kontrollverlust und dem Bewahren der eigenen Unangreifbarkeit. Verkörpert werden sie durch die beiden Archetypen des Kontrolleurs und des Politikers. Wenn Kontrolleure und Politiker die Entscheidungen prägen, ist es schwierig, ein Unternehmen agiler zu machen – denn persönliche Adaptivität ist wichtiger als organisationale Anpassungen. Führungskräfte mit agilem Mindset zeichnen sich dadurch aus, dass sie zwei kognitive Verzerrungen vermeiden, die Neues besonders stark behindern: den Konservatismus und den Ambiguitäts-Effekt.

Was geschieht, wenn Unternehmen nur auf erneuerte Strukturen und Methoden setzen und nicht auch auf das Mindset, erörtern wir im folgenden Kapitel.

Kapitel 1.3

Agilität wird erzwungen

Agile Methoden als Allheilmittel?

Wie bereits angedeutet, hilft es nichts, agile Methoden wie zum Beispiel *Agile*, *Scrum*, *Design Thinking* oder *Kanban* einfach extern einzukaufen und auszurollen. Denn agile Methoden sind bei starrem Mindset nur bedingt erfolgreich. Es sollte uns doch zu denken geben, dass sich auch nach beinahe zwei Jahrzehnten mit agilen Methoden (und zehn Jahren der Digitalisierung) in den Köpfen der Manager nicht allzu viel getan hat. Wir schleichen allenfalls im Schneckentempo in Richtung Zukunft. Agile Methoden und Kreativ-Labs haben keinen Durchbruch erreicht. Vielleicht hast du auch schon

- agile Methoden ausprobiert oder eingeführt
- Coaches und Organisations-Berater beauftragt
- ein Kreativ-Lab oder eine Task Force gegründet

- Experten-Talks für Transformation angehört
- Digital-Konferenzen besucht
- eine Change-Initiative gestartet.

Und vielleicht ist dir dabei aufgefallen, dass bei all dem Aktionismus ein Aspekt stets unangetastet blieb: die Hierarchie selbst. Die Führungsebene gibt die Parole „Change" aus, bleibt selbst aber in der Deckung – fast schon nach dem Prinzip „‚Haltet den Dieb!' rief der Dieb". Die Arbeitspraxis wird verändert, aber die Entscheidungsstrukturen nicht. Unter dem Deckmantel des Neuen bleibt die alte Vorgehensweise unangetastet. Das bisherige, starre Verständnis davon, wer wann was darf, wird im neuen Arbeitsmodus eins zu eins übernommen. Und so kann sich gar nichts grundlegend ändern, egal ob wir es *New Work*, agiles Arbeiten oder *Co-Kreation* nennen. Die Herrschenden entfachen keine Palastrevolution.

Ob du in einem Unternehmen mit starrem oder mit agilem Mindset arbeitest, kannst du ganz leicht herausfinden. Wenn du überlegst, welche Art Fragen du deinem Vorgesetzten am häufigsten stellst – ist es A oder B?

A Inhaltsbezogene Fragen wie zum Beispiel: „Wie schätzt du meinen Vorschlag ein?" oder „Was ist deine Expertenmeinung?"

oder

B: Genehmigungsbezogene Fragen wie zum Beispiel: „Darf ich das so umsetzen?" oder „Kannst du hier unterschreiben, dass ich diese Aufgabe erledigt habe?" oder „Darf ich mir 10 Stifte aus dem Materialschrank nehmen?"

Die Geschichten von Richard Feynman bei der NASA und von Monique, Mark und Juliane zeigen ein häufig auftretendes Phänomen. Wenn wir institutionellen Wandel anstreben, begegnen wir drei Hürden:

1. Die **selbstkritische** Ausgangsfrage: Gibt es bei uns selbst institutionelle Missstände?
2. Die **Bereitschaft,** solche Missstände aufzudecken, eindeutig zu benennen und anzuerkennen, um aus ihnen lernen zu können.

3. Das **Umsetzen** der Erkenntnisse, um die Missstände zu beheben und eine echte Veränderung einzuleiten.

Warum jedoch sind diese Hürden so hoch – und warum weichen wir ihnen so oft aus?

Alibi-Transformation

Wie oft hört man von Managern den folgenden Satz: „Eine spürbare Veränderung der Arbeitspraxis erfolgt über strukturelle Modernisierung. Und genau das tun wir jetzt." Die Aussage erntet meist die erwartete rege Zustimmung. Was der Manager aber meist zu sagen vergisst: Strukturelle Veränderungen erfolgen in der realen Welt sehr, sehr langsam. Denn in den meisten Unternehmen ist über die Hierarchie genauestens geregelt, wer wann wie Strukturen verändern kann. Versteinert wird das ganze durch rigide rechtliche Rahmenbedingungen wie traditionelle Vergütungsmodelle. „Ich sehe Manager, die mit sich selbst zufriedener sind als jemals zuvor. Ich kann allerdings keine einzige weitreichende Reform finden, die vom Management beschlossen und zu Ende gebracht wurde", sagt Mark.

Die Erklärung dafür liegt auf der Hand: Wer Agilisierung „anordnet", hat selten Erfolg. Die Hierarchie ist härter als ein Diamant. Die meisten Innovations-Initiativen beschränken sich auf die Außenseite. Im „Maschinenraum" bleibt alles beim Alten. Aber seine Change-Initiative macht den Bewahrer unangreifbar und schwer kritisierbar. Er setzt sich ja für Veränderung ein. Was kann man ihm schon vorhalten? Das Schlimmste daran ist: Auch er selbst glaubt ernsthaft, er bewege wirklich etwas. Nur von außen ist die Initiative als Alibi-Transformation erkennbar. Je länger es dauert, bis jemand diese Alibi-Transformation aufdeckt und benennt, desto stärker wird sie legitimiert. Schnell überträgt die Alibi-Methode sich auf andere und wird Teil der Kultur. Jeder spielt das Spiel, das ihm beigebracht wurde.

Abbildung 9: Warum wir uns bei der Transformation im Kreis drehen

„Wir unternehmen keine echte Transformation, sondern simulieren Veränderung", fasst Wolf Lotter, der einst die Zeitschrift *brand eins* mitbegründet hat, die Situation zusammen. Eine derartige Alibi-Transformation führt zur Desorientierung. Denn Halbwahrheiten beeinträchtigen den Wirklichkeitssinn, wie die Professorin Nicola Gess in ihrem Essay „Halbwahrheiten. Zur Manipulation von Wirklichkeit" erklärt. Sie führen „vom Zwang der Tatsachen in die Willkür der Spekulation" und benebeln auf diese Art unseren Orientierungssinn. Dabei sollten Führungskräfte doch Orientierung geben, statt zu verwirren.

Die Trophische Kaskade

Das Wort „Ökosystem" bezeichnet eine Lebensgemeinschaft und die gegenseitige Abhängigkeit mehrerer Arten in ihrem Lebensraum. Biologen beschreiben in diesem Zusammenhang die *Trophische Kaskade.* Hierbei bewirkt ein unnatürlicher Einfluss auf die Nahrungskette (*Trophie*) eine Veränderung des Ökosystems. Wenn beispielsweise eine Straße quer durch ein Waldstück gebaut wird, können Wölfe nicht mehr artgerecht migrieren und ihre Zahl verringert sich. Durch die Reduktion dieser Raubtier-Spezies explodiert die Rehpopulation. Die Rehe fressen nun in höherem Maß als üblich Büsche, Sträucher und junge Bäume, die der Wald dringend benötigt. Durch die Reduktion von Büschen und Sträuchern dominieren irgendwann Gräser den Waldboden. Der Wald wird zur Monokultur, dann zum Grasland und schließlich zur Wüste.

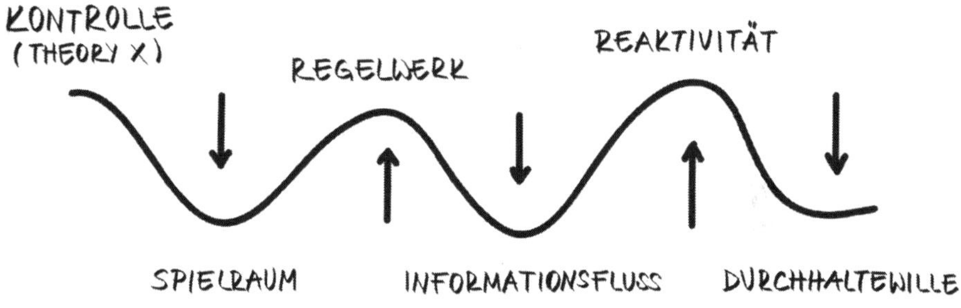

Abbildung 10: Die trophische Kaskade adaptiert für den Arbeitsalltag

Aus solchen natürlichen Vorgängen kann man lernen. Mit der Entschlüsselung von Abläufen in der Natur und mit der Übertragung auf technische und soziale Herausforderungen beschäftigt sich die *Bionik* (englisch *Biomimikry*). Denn eine Firma ist ebenfalls ein Ökosystem, also eine Arbeitsgemeinschaft von Menschen, die mit ihren verschiedenen Fertigkeiten einen gemeinsamen Arbeitsraum bevölkern. Auch hier besteht eine Kaskade der Abhängigkeit. Und genau wie natürliche Ökosysteme sind einige Firmen krank und von Versteppung und Verwüstung bedroht.

Im starren Mindset müssen Vorgesetzte alles und jeden kontrollieren. Sie greifen in das Ökosystem ein und bevormunden fähige Fachspezialisten in der Annahme, diese seien nur extrinsisch zu motivieren (*Theory X* von Douglas McGregor). Das reduziert deren kreativen Spielraum. Arbeitsschritte werden aufwändiger, weil jeder kleine Vorgang geprüft und genehmigt werden muss. Dadurch wuchert das Regelwerk und erstickt auf Dauer jede Initiative. Das Ergebnis ist ein monotones Abarbeiten von Routinevorgängen entlang den Vorschriften und ein immer mehr versiegender Informationsfluss. Der konstruktive Austausch zwischen strategischen Denkern und Fachkräften verkümmert zu einseitigen Anweisungen. Die Teams und die einzelnen Mitarbeiter haben keine Chance, ihre adaptive Intelligenz (AQ) zu entfalten und sich selbst zu organisieren, worunter die operative Effektivität leidet. Eigentlich kompetente Angestellte trauen sich bald nicht mehr, selbst Entscheidungen zu treffen, denn die Konsequenzen für ihre mentale Gesundheit oder ihre Karriere sind es nicht wert. Der Durchhaltewille fällt rapide ab bis zur Resignationslinie. Die „Kontrolleure" in der Führungsetage sehen sich in ihrer Sichtweise bestätigt und schießen reaktiv Regeln nach, wo immer Ungewissheit lauert. (Um im Bild des Ökosystems zu bleiben: Sie bauen noch eine Straße durch das Waldstück und glauben absurderweise, so könnten sie dessen Versteppung aufhalten.) Am Ende nehmen die Top-Talente Reißaus und lassen eine Armee von Abarbeitern zurück. Das Ökosystem der Organisation wird zur Wüste.

Das Selbstbild vieler Manager besagt, dass mehr Verwalten und Kontrollieren zu mehr Leistung führen. Das Gegenteil ist jedoch der Fall. Natürlich ist Chaos ineffizient. Ab einem bestimmten Punkt des Organisierens leidet aber der Spielraum bei der Arbeit durch "Überorganisation" und nicht durch Chaos. Am Beispiel der NASA konnten wir sehen, wie technische Fachkräfte durch Vorgesetzte daran gehindert wurden, Ideen zur Prozessoptimierung und Warnungen vor kritischen Sicherheitslücken in die Organisation einzuspeisen.

Eine effektive Organisation erkennt den Wert der *Employee Experience (EX)*, also des positiven Erlebens der eigenen Handlungsmöglichkeiten auf Seiten der Mitarbeiter. Dafür braucht es vor allem Freiheit und Entscheidungskompetenz im eigenen Fachbereich. Nur wenn solche psychologischen Bedürfnisse der Angestellten befriedigt werden, können sich kreatives Denken, Hochleistung und Loyalität auch in Ausnahmesituationen einstellen. Der größte Fehler des Managements liegt oft darin, dass die Mitarbeiterebene nicht ernst genommen wird – beziehungsweise nur einmal im Jahr, bei der Begrüßungsansprache zur Weihnachtsfeier. Durch die traditionellen Hierarchiemodelle werden Fachspezialisten mit scharfem Verstand maximal bevormundet. Die Firma verschenkt die Chance, ihren möglichen Beitrag zu nutzen, ob beim Expandieren des

Kerngeschäfts, beim Transformieren von Kerngeschäft und Prozessen oder bei der Produktinnovation.

Kommen wir noch einmal zurück zur Biologie: Ökologen, die die Dynamik der *Trophischen Kaskade* erforschten, stellten fest: Auf der begrenzten Fläche einer Insel ließ sich das Auf und Ab der Arten exakt berechnen. Auf den ersten Blick folgte die Beziehung zwischen Arten und Areal der Erwartung: Die Artenvielfalt war umso geringer, je kleiner die Insel war. Aber die Formel dahinter zeigte etwas Überraschendes: Die Artenzahl sank nicht linear, sondern fiel exponentiell ab, in einer immer steileren Kurve. Eine Insel, die entzweigehauen würde, verlöre nicht die Hälfte, sondern rund neunzig Prozent ihrer Arten.

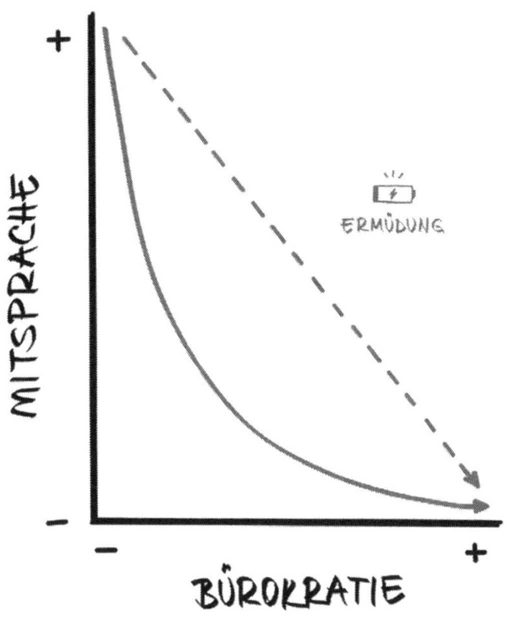

Abbildung 11: Die Motivation fällt mit steigender Bürokratie exponentiell ab

Womit wir im Chefbüro unserer Tage gelandet wären. Analog zur Reduktion der Artenvielfalt in der Natur durch Eingriffe von außen verhält sich die Durchhaltebereitschaft der motivierten, kreativen und loyalen

Angestellten bei Eingriffen wie ausartender Verwaltung und Mikromanagement in einem Unternehmen. Angestellte mit guten Absichten fühlen sich bei anwachsender Bevormundung nicht marginal, sondern exponentiell mehr eingeschränkt. Ab einem bestimmten Maß kündigen sie massenhaft – und stecken sich damit zusätzlich gegenseitig an. Auf der operativen Ebene schaffen Verwalter-Typen im Management selten Mehrwert, oft aber Blockade. Wenn sie beispielsweise den Produkt-, den Support- oder den Marketingspezialisten mit Vorgaben einschränken, hindern sie ihn an guter Arbeit.

Wie also passt eine ausufernde Hierarchie zur Notwendigkeit der Erneuerung? Oder schärfer gefragt: Wie viele Top-Talente und wieviel Wettbewerbsfähigkeit ist es uns wert, dass unsere Verwaltung so dominant ist? Eine Antwort wäre, die Organisation entschlossen auf die digitale Ebene zu hieven und so Bürokratie abzubauen. Auf jeden Fall muss das Ziel sein, operative Effektivität zurückzugewinnen.

Wenn der Durchhaltewille leidet

Firmen im Wandel brauchen motivierte Menschen wie Monique, Mark und Juliane. Wer sonst soll die Organisation modernisieren, wenn alle längst resignieren? Böse Zungen mögen behaupten, ein Großteil der arbeitenden Gesellschaft sei dafür gar nicht zu gebrauchen. Sie seien nur an einem sicheren Gehalt interessiert und würden dafür ihre Lebenszeit verkaufen. Doch diese Sichtweise teilen nur Menschen, die Kontrolle behalten und unangreifbar bleiben wollen. Die meisten Menschen wünschen sich von ihrer Arbeit im Kern das gleiche:

- Sie möchten ihren Beitrag leisten.
- Sie wünschen sich, Teil von etwas Größerem zu sein.

In einer idealen Welt könnte jeder kleine Beitrag das Unternehmen nach vorne bringen, so dass beiden Zielen Genügte getan wäre – gäbe es nicht die hierarchische Pyramide. Je größer eine Organisation wird, desto mehr muss organisiert werden, ohne dass die dafür aufgewendete Zeit einen produktiven Nutzen hat. Ein Bekannter sagt: “Gefühlt verbringe ich fünfzig Prozent meiner Arbeitszeit mit dem Bedienen des Apparats. Also Berechtigungen einholen, Berichtspflichten einhalten und Datenbanken pflegen. Ganz abgesehen von Sitzungen.”

Die ausufernde Verwaltung killt Eigeninitiative. Entmündigung und politische Schranken lassen die Eigenmotivation der Mitarbeiter und den Glauben an den eigenen Beitrag für das Team oder die Organisation absterben. Und fast noch schlimmer ist, dass die Alibi-Transformationen das Vertrauen in Change-Projekte killen. Man nimmt immer wieder neu Anlauf, kämpft in langwierigen Workshops darum, seinen Beitrag leisten zu dürfen und den Arbeitsalltag befriedigender und produktiver zu machen, leistet deshalb Überstunden, um dennoch die tägliche Arbeit zu schaffen – und sieht die Initiative dann doch im Sand verlaufen. Das Ergebnis nennt man *Change Fatigue* (Change-Müdigkeit). Diese liegt vor, wenn mal wieder ein Change-Prozess angekündigt wird, und selbst die Mitarbeiter aufstöhnen, die die größte Lust und Bereitschaft in sich tragen, etwas zu ändern und dafür eine Extrameile zu gehen.

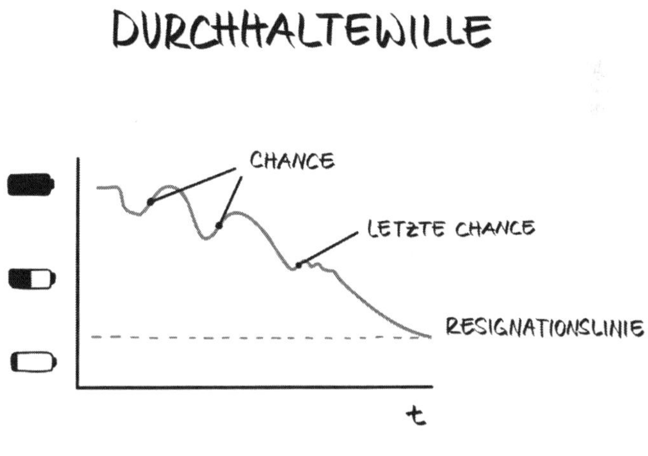

Abbildung 12: Der Durchhaltewille über die Zeit

Selbst die motiviertesten Veränderer geben irgendwann auf. Ihr Durchhaltewille sinkt mit jeder Enttäuschung (siehe Abbildung 12). Sobald sie die *Resignationslinie* erreicht haben, leisten sie entweder Dienst nach Vorschrift, was dann die abschätzige Sichtweise des Managements erst recht füttert. Oder sie verlassen die Firma (das sinkende Schiff), um ihren Beitrag woanders zu leisten – in der Hoffnung, dass er dort geschätzt wird. Das führt dazu, dass der Anteil der niedrig motivierten Angestellten an der Belegschaft wächst. Man kann es den Motivierten auch nicht verübeln. Alles andere wäre Aufopferung bei kompletter Aussichtslosigkeit.

Der Organisationsentwickler Joan Hinterauer fasst die Situation so zusammen: „Die Helden bestimmen das System. Da die Machtmechanismen mittlerweile zementiert sind, nimmt die Frustration bei den Menschen zu. Sie möchten an der Situation etwas verändern. Doch sie sehen keine Chance, Einfluss zu nehmen, also spielen sie das Spiel mit und verbessern damit die eigenen Lebensumstände. Unsere Weiterentwicklung bleibt auf der Strecke. Nicht weil wir dumm oder faul sind. Sondern weil wir keine Hoffnung mehr haben, auf eine positive Veränderung einwirken zu können. Wenn die Pioniere es nicht richten, bleibt uns nur die Resignation."

Herausragende Unternehmen wie *Apple, Patagonia* und *Starbucks* verdanken ihren Erfolg einer simplen Grundannahme: Mitarbeiter sind mündig, motiviert und vertrauenswürdig. Ein Unternehmer würde sofort erkennen, dass das die Grundlage für Erfolg ist, und umgehend alle Normen der Arbeit an diese Grundannahme anpassen (also beispielsweise die Nutzerrechte weniger einschränken). Doch es fehlen die Unternehmer in der Verwaltung. Es ist einfach, den schwarzen Peter auf die unmotivierten Angestellten zu schieben. Und es ist schwierig, bei sich selbst zu beginnen.

Zusammenfassung Kapitel 1.3

Veränderungsprozesse haben immer ein positives Ziel. Aber wenn sie schlecht umgesetzt werden und nur als Alibi für ein Management dienen, das vor allem sich selbst und seine Vorrechte vor jeder Veränderung schützen will, dann wird nichts daraus werden. Wandel setzt die Bereitschaft aller voraus, eigene Schwachstellen zu erkennen, sie zu benennen und sie anzugehen. Dafür muss man die vorhandenen Ängste kennen und ihnen aktiv begegnen – auch denen der Vorgesetzten vor Kontrollverlust.

Jede Veränderung muss vor allem die Barrieren für die Entfaltung von Kreativität und Fachwissen der Spezialisten und Top-Talente im Auge haben, also die unternehmensinterne Verwaltung. Ganze Organisationen können fest im Griff des starren Mindsets stecken und eine protektorische Arbeitskultur haben. Und wenn die Bemühungen um Veränderung nur pro forma in Gang gesetzt und dann schlecht oder gar nicht umgesetzt werden, leiden nicht nur die Produktivität, die Kooperation und die Zufriedenheit der Mitarbeiter, sondern auch die Bereitschaft zur Veränderung – selbst bei den Motiviertesten. Die Folge ist zuerst *Change Fatigue* und dann die massenhafte Abwanderung der besten Leute – der Pioniere, die das Unternehmen und seine Führungskräfte dabei unterstützen könnten, sich in stetig verändernden Umgebungen zu behaupten.

Teil 2

Pioniere entfesseln das agile Mindset

Ein Gespräch mit Michail Gorbatschow

Als der Journalist Cal Fussman die Bestätigung für ein Interview mit Michail Gorbatschow bekam, wurden ihm 60 Minuten versprochen. Mit den Ergebnissen würde Fussmann seine Kolumne im *Esquire Magazine* füllen. Doch nach und nach wurde ihm klar, dass der frühere Staatschef der UdSSR an jenem Tag noch andere Journalisten empfangen würde. Als der Tag des Interviews gekommen war, war das Zeitbudget für das Interview mit Gorbatschow auf 10 Minuten geschrumpft. Fussman war am Boden zerstört. Wie sollte er in so kurzer Zeit genügend Inhalte für eine ganze Kolumne erhalten? Natürlich nahm er die Gelegenheit trotzdem wahr.

Als er Gorbatschow gegenübersaß, sah er ihm in die Augen und fragte zuerst: "Was ist der wertvollste Rat, den Ihr Vater Ihnen jemals gegeben hat?" Gorbatschow war positiv überrascht. Die Frage traf direkt ins Herz. Er blickte in die Luft und suchte nach einer Antwort. Diese kam in Form einer Geschichte. Fussman hatte Gorbatschow aktiviert.

Die Geschichte war gehaltvoll und kaum halb zu Ende, als die Pressefrau die Tür öffnete und sie unterbrach: „Wir müssen jetzt zum Ende kommen." Doch Gorbatschow blickte sie entschlossen an und verneinte. Er zeigte auf Fussman: „Ich will mit ihm sprechen." Und so floss das Interview noch viele Minuten weiter, und die Kolumne wurde ein Erfolg.

Hätte Fussman eine Standardfrage aus dem Repertoire gestellt, hätte er eine Standardantwort erhalten. Er hätte Gorbatschow gelangweilt und sicher keine besonderen Inhalte bekommen. Fussmans Fähigkeit, unter Zeitdruck das Richtige zu fragen, hatte einen Sinneswandel, eine Verhaltensänderung bewirkt. Sieh dir Fussmans Vortrag selbst an auf Youtube: Shine Talk | Cal Fussman | From the Heart (Englisch)[5]

In diesem 2. Teil geht es darum, dass Pioniere, also Menschen mit Ambition, Unvoreingenommenheit und Mut, dabei helfen können, die weiter oben genannten drei Hürden zu überwinden.

5 https://youtu.be/uDpfLCXhXaA

Kapitel 2.1

Pioniere treiben Wandel voran

Die Refresh Rate

Gefahr erkannt, Gefahr gebannt? Wohl kaum. Damit sich ein agiles Mindset einstellen kann, muss man tatsächlich etwas tun. Und zwar so einiges. Wer ernsthaft an Change interessiert ist, kommt nicht drum herum, sein Verhalten zu reflektieren und anzupassen. Doch wie soll das gelingen?

Der Autor und Organisationspsychologe Adam Grant, Professor an der University of Pennsylvania, schreibt in seinem 2021 erschienenen Buch *Think Again*, dass eine wertungsfreie, neugierige Herangehensweise sehr wichtig ist, wenn man eingefahrene Denk- und Arbeitsmuster aufbrechen möchte. Wer im agilen Mindset arbeitet, stellt die Problemlösung vor eigene Interessen und toleriert kurzfristig zusätzliche Strapazen. Das bedeutet, dass bestehende Normen aktiv hinterfragt werden, um stets das beste Resultat zu erlangen. Agiles Mindset bedeutet unter anderem:

- Die Sinnhaftigkeit ist wichtiger als die Genehmigung.
- Der Mehrwert ist wichtiger als das Abhaken.
- Die Zielerreichung ist wichtiger als der Konsens.

Das ist natürlich leicht gesagt. In der Praxis ist diese Umkehrung der Automatismen ausgesprochen schwierig. Gerade bei standardisierten Arbeitsabläufen ist es extrem störend, wenn jemand konstant Anpassungen vornehmen möchte, also sozusagen ins Steuer greift. Und es stimmt ja auch: Wer sich ständig hinterfragt, kommt zu nichts. Und welche Führungskraft hat schon die Zeit, zusätzlich zur Projektarbeit ständig an Change-Prozessen zu arbeiten? Diese Sicht ignoriert allerdings, dass uns nur die konstante Weiterentwicklung wettbewerbsfähig macht. Nur die permanente Selbstreflexion führt zu operativer Effektivität. Das ist spätestens seit der Popularisierung der Lean-Methode bekannt, der zufolge selbst die industrielle Produktion ununterbrochen einer Analyse unterzogen werden sollte.

In der Filmbranche gibt es den Begriff der *Refresh Rate*, auch Bildwiederholfrequenz genannt. Sie bezeichnet die Anzahl der Einzelbilder pro Sekunde (*fps* für englisch: *frames per second*), die auf eine Kinoleinwand projiziert werden. Die Bildwiederholfrequenz eines Bildschirms trägt entscheidend zum Flimmereindruck bei. Bei niedriger Refresh Rate wird das Bild als „ruckelnd" wahrgenommen. Um einen flüssigen Bildeindruck zu erhalten, muss sich das Bild also häufig aktualisieren.

Unsere Arbeitslogik besteht aus Sichtweisen und Prozessen, und auch bei ihnen lohnt der Blick auf die *Refresh Rate*. Werden die Routinen selten aktualisiert und an die neuen Gegebenheiten angepasst (niedrige Refresh Rate), arbeiten wir ineffizient (niedrige EX) und am Kunden vorbei (niedrige CX). Extraschleifen, Konflikte und Beschwerden sind die Konsequenz. Sie führen zu einer wenig effektiven Organisation. Es ruckelt. Die Arbeitslogik braucht eine hohe *Refresh Rate*. Unter anderem für digitale Kompetenz ist sie die Grundvoraussetzung. Während Menschen im starren Mindset eine niedrige *Refresh Rate* haben, stellen sich Menschen im agilen Mindset ständig die folgende Frage: “Wie können wir noch ein Stück besser werden?” Anstrengend, aber nötig.

Reflexionsfähigkeit bedeutet, sich und sein Handeln selbstkritisch zu hinterfragen, auch wenn es schwerfällt. Erinnerst du dich an Monique von weiter vorne? Monique sagt: „Die Frage an mich selbst ist ganz einfach: ‘Bin ich Teil der Lösung?’ Denn wenn nicht, dann bin ich wahrscheinlich Teil des Problems.” Wem das zu sehr nach Selbstoptimierung klingt, für den hat Monique noch einen Rat: „Vorankommen in einer Welt, die permanent voranschreitet, gelingt nur, indem man sich mitverändert.”

Dank ihres neu gewonnenen Antriebs als Pionier der Veränderung begab sie sich in die regelmäßige Selbstreflexion: In welchem Modus arbeite ich? Lösungsorientiert oder planorientiert? Sie erkannte im Rückblick mehrmals Situationen, in denen sie ihrem Selbstbild als Problemlöserin nicht gerecht geworden war. Bemerkenswerterweise ging sie bei solchen Erkenntnissen sofort auf ihre Kollegen zu und erklärte ihnen, was sie festgestellt hatte und was sie ab jetzt zu ändern beabsichtigte. Ihr fiel dabei kein Zacken aus der Krone. Im Gegenteil: Ihre offene und selbstkritische Kommunikation brachte ihr zusätzlichen Respekt ein. Und in der Zusammenarbeit nahm sie sich diese Art der Selbstreflexion ebenfalls vor. Wann immer sie eine Blockade verspürte, fragte sie ohne Wertung: In welchem Modus arbeiten wir gerade? Problemlösend oder protektorisch? „Das ändert die Perspektive und gibt uns auf natürliche Weise einen Realitätscheck”, sagt Monique. „Man kommt direkt wieder auf den richtigen Pfad der Problemlösung, statt sich Tage oder Wochen lang zu verrennen.”

Aus dem Pionier-Werkzeugkasten: Bürokratiebremse mit der One-in-one-out-Regel

Um der ausufernden Bürokratie entgegenzuwirken, wird bei der *One-in-one-out-Regel* für jede Vorschrift, die neu eingeführt wird, zwingend eine andere Vorschrift abgeschafft. Die Maßnahme erkennt den bremsenden Charakter von zu vielen Vorschriften an und schafft Entlastung durch Selbstdisziplin.

Die deutsche Bundesregierung nutzt die One-in-one-out-Regel seit dem 1. Januar 2015 für alle Gesetze und Rechtsverordnungen. Ausgenommen sind wenige klar definierte Fälle. „Die Ressorts berichten halbjährlich im Staatssekretärsausschuss Bürokratieabbau über den Fortschritt und ggf. über eine drohende Zielverfehlung", lautet der Beschluss.

Dabei ist dies nur ein erster Schritt. Die One-in-one-out-Regel hält die Gesamtanzahl an Vorschriften "nur" auf demselben Stand. Um die Organisation schlanker und damit effektiver zu machen, muss man das Ausmustern alter Vorschriften mindestens verdoppeln *(One-in-two-out-Regel)*.

Pioniere treiben Wandel voran

Denk mal kurz darüber nach, wie die großen Veränderungen der letzten Monate oder Jahre in deinem Unternehmen erfolgten. War es eine *Methode*, die zu einer Anpassung der Arbeitspraxis oder der Einführung eines neuen Umsatztreibers führte? Jede Wette: Es wurde angestoßen und vorangetrieben von einer *Person* – von ihrer Unvoreingenommenheit, ihrer Tatkraft und ihrem Mut. Menschen bewegen Dinge, und sie infizieren andere, dasselbe zu tun. Menschen, nicht Methoden prägen die Arbeitspraxis und damit die Unternehmenskultur. Möglicherweise fällt dir jetzt schon ein Name einer solchen Person ein – sei es eine Führungskraft oder eine Kollegin. Der frische Wind in den Produkten und Routinen wurde von *jemandem* vorangetrieben, nicht von *etwas*, nicht wahr?

„Wandel ist in der Essenz Kultur", sagt Karim Mustaghni, Mitbegründer von *Culturedesign*. Kultur ist das gemeinschaftliche Verständnis davon, was gewollt oder toleriert wird. Kulturschaffend ist das, was von Angestellten als übliche Praxis wahrgenommen wird. Es verfestigt sich zur Norm. Du kennst das: Wer in der Vorbildrolle ist und stets die Meeting-Zeit überzieht, nimmt in Kauf, dass sich dieses Verhalten in der Kultur verankert. Bald machen es alle so.

Indem Pioniere einen Keil in die veraltete Arbeitspraxis treiben und Routinen ausmustern, werden sie zu Kulturschaffenden. Oder um es in den Worten von Microsoft-Chef Satya Nadella zu sagen: „Oberste Priorität hat die schonungslose Beseitigung von Hemmnissen für Innovation." Dank Pionieren bekommen Angestellte jene Geistesnahrung, die ihnen seitens der Führung oft verwehrt bleibt: Antrieb, Sinn und Mitbestimmung. Außerdem sind Pioniere gewappneter gegen Krisen als ihre Verwalter-Kollegen. Wenn sich ein Parameter ändert, verfallen sie nicht sofort dem Reaktionismus.

Und genau deshalb müssen in zentralen Positionen der Hierarchie und in jeder Abteilung Pioniere sitzen, die noch Hoffnung, Eigenantrieb und Durchhaltevermögen haben und andere damit befeuern. Menschen, die bereits ein agiles Mindset mitbringen und sich täglich für die Erneuerung von Prozessen einsetzen. Und wir müssen ihnen den Raum geben, ihre Ideen einzubringen. Wie genau geht das? Folgende drei Regeln sollten gelten, wenn man das Glück hat, Pioniere an Bord zu haben:

1. Diesen Pionieren müssen wir zuhören.
2. Wenn sie Alarm schlagen, müssen wir sie ernst nehmen.
3. Sie brauchen einen klaren Gestaltungsauftrag (mit Leitplanken).

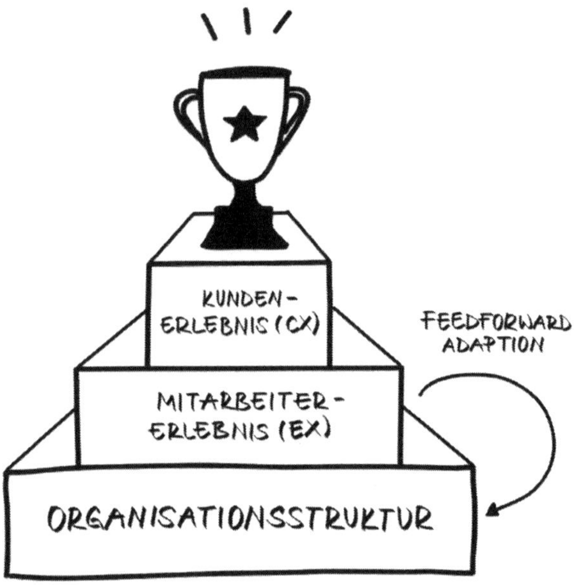

Abbildung 13: Die Organisationsstruktur als Fundament für die Kundenzentrierung

Abbildung 13 visualisiert dieses *Feedforward* (Analog zu Feedback) von Pionieren, die „am Ort des Geschehens" sitzen. Jeder ihrer Impulse könnte der Startschuss für die Adaption der Strukturen (Transformation), für ein gesundes Mitarbeitererlebnis (Kultur) und für eine Innovationskultur (Zukunftsfitness) sein. Wer diese Impulse ignoriert, kämpft weiter mit einer aufgeblähten, ineffizienten Organisation, stetig sinkender Motivation und einer Abhängigkeit von externen Change-Beratern.

Schaue dir zur Vertiefung das folgende kurze Video auf Youtube an: Mit Führungskultur zu besseren Kundenerlebnissen (DE) | Alex T. Steffen bei Out of the Box[6]. In diesem Video leite ich das Gasterlebnis bei Disney vom Mitarbeitererlebnis her.

Wir werden vielleicht nicht alle zu Elon Musks. Aber wer will das schon? Was jedoch mit Sicherheit geschehen wird: Wir stellen uns besser

6 https://youtu.be/AYlPYhPkYSk

für die Zukunft auf. Die einzige Voraussetzung ist die Aufgeschlossenheit des Managements dafür, diese Mitgestalter zuerst einmal an den Tisch zu holen. Oder selbst zu einem solchen Pionier werden. Monique, Mark und Juliane wurden nicht mit den Kernkompetenzen von Pionieren geboren. Sie haben sich diese selbständig angeeignet. Du kannst das ebenfalls, egal wo du und deine Organisation gerade stehen. Wie das geht, zeigt dir Teil 3. Die gute Nachricht ist: Es gibt Orte, an denen der Aufbruch schon in vollem Gange ist. Identifiziere sie und bring dich ein.

Und das bringt uns zu einer der Kernthesen dieses Buches: Veränderung von Arbeitsprozessen erfordert, wie gesagt, eine Mentalitäts- und Verhaltensänderung. Und diese Verhaltensänderung erfolgt am schnellsten mithilfe derjenigen, die neue Verhaltensweisen schon verkörpern und einfordern. Nur wenn das Unternehmen sich um Kämpfer für Erneuerung kümmert, beschleunigt sich der Wandel. In diesem Kapitel betrachten wir die Attribute von Pionieren und wie man sich diese Kompetenzen selbst aneignen kann.

Im starken Kontrast zum starren, planorientierten Mindset des Kontrolleurs und des Politikers ist das agile, lösungsorientierte Mindset der Pioniere geprägt durch drei weiche Attribute:

1. **Leistungsbereitschaft** (statt Weg des geringsten Widerstands) in Form von Eigenantrieb und dem Wunsch, proaktiv zu gestalten
2. **Offenheit** (statt Kontrolldrang) für die Ideen und Sichtweisen anderer als Grundlage für die Erneuerung
3. **Mut** (statt dem Wunsch nach Unantastbarkeit), Verantwortung zu übertragen und zu übernehmen; und Mut, Konflikte auszutragen.

Attribute sind, anders als Kompetenzen, besondere Merkmale oder Charaktereigenschaften einer Person. Sie sind weicher als Kompetenzen und können trotzdem entwickelt werden. Jeder Mensch hat eine unterschiedliche Ausprägung solcher Attribute. Attribute sind eine Grundlage für eine bestimmte Einstellung – und mindestens so bedeutend für Veränderungsprozesse wie Kompetenzen. Im Kapitel 2.3 werden wir die drei

Pionier-Archetypen genauer vorstellen; hier sei kurz vorweggenommen, auf welche Weise sie die drei Meta-Attribute verkörpern:

1. Der *Gestalter* zeigt Leistungsbereitschaft.
2. Der *Forscher* zeigt Offenheit.
3. Der *Aktivist* zeigt Mut.

Für Menschen mit diesen Attributen ist konstante Anpassung ein geringeres Problem als für andere. Das ist die Grundlage für Belastbarkeit (Resilienz) und die *Adaptive Intelligenz (AQ)*, die wir ebenfalls weiter unten (Kapitel 2.2) erläutern. Pioniere haben nicht nur die notwendigen Attribute, um Transformation zu bewirken. Sie können diese auch effektiv auf andere übertragen. Durch ihre Weltsicht und ihr Auftreten werden sie zum Vorbild für andere. Bevor wir genauer darauf eingehen, wie das geht, müssen wir aber noch zwei Mythen auflösen.

Salutogenesis: Priorität Transformation

In den 1970er Jahren entwickelte der Soziologe Aaron Antonovsky ein Konzept namens *Salutogenese*. Er untersuchte eine Gruppe jüdischer Frauen, die die Konzentrationslager der Nazis überlebt hatten. Während viele Überlebende massive Traumata aufwiesen, war die Gruppe, die Antonovsky untersuchte, psychisch recht stabil. Ihre (seelische) Gesundheit war vergleichsweise gut. Er wollte herausfinden, was dazu geführt hatte, dass sie von lebenslangen Nachwirkungen der erlittenen Qualen und Todesängste verschont geblieben waren. Aus den Ergebnissen entstand die Salutogenese als komplementärer Begriff zu *Pathogenese*, also der Beschreibung von Krankheitsursachen. Die Salutogenese fragt danach, warum jemand gesund ist. Laut Antonovsky bewegt der Mensch sich ständig irgendwo im Spektrum zwischen dem völlig gesunden Pol einerseits und dem völlig kranken Pol andererseits. Es gebe drei Schlüssel zu guter Gesundheit:

- Bewusstsein
- Reflexion
- Proaktive Anpassungen im Leben, um Verbesserungen herbeizuführen.

Viele Menschen sind sich ihres schlechten gesundheitlichen Zustands in keiner Weise bewusst – und erhalten eines Tages plötzlich die Diagnose „Diabetes“. Oder „Herzrhythmus-Störung“. Oder „Krebs“.

Übertragen wir das Konzept der Salutogenese nun einmal auf die Unternehmensebene: Auch viele Manager sind sich nicht über den prekären Zustand ihrer Organisation bewusst. Sie hasten einfach weiter durch den immer stressiger werdenden Alltag und haben gar keine Zeit, die Lage des Unternehmens zu prüfen. Dann trifft sie plötzlich die überraschende Diagnose: Deine Firma ist schwer krank.

Analog zur Salutogenese können wir die *Novogenese* als die Wissenschaft von der Entstehung (*Genese*) von Neuem (*novo*) beschreiben. Das wären dann die erforderlichen Umstände, damit eine Organisation sich neu erfinden kann – und diese Umstände sind deckungsgleich mit der *Salutogenese*:

- Bewusstsein (für die Veränderung von Anforderungen)
- Ständige Reflexion der eigenen Arbeitslogik
- Proaktive Anpassungen in der Zusammenarbeit, um Verbesserungen herbeizuführen.

Was bringt nun eine Organisation zu einer Kultur der regelmäßigen Reflexion und zu aktiven Anpassungen? Wie schon angedeutet, sollte die Frage nicht mit „Was“ beginnen, sondern mit „Wer“. *Wer* stößt die Erneuerung an? Die Pyramide und ihre Hierarchie sind oft zu starr, und Einfluss von außen wird durch die Wächter am Tor zum Fortschritt verhindert, den Kontrolleur und den Politiker. Es braucht also *innen* jemanden, der mit Durchhaltevermögen den strategischen Stellenwert von Neugestaltung in die Köpfe treibt. Es braucht jemanden, der Chancen für Bürokratieabbau identifiziert und eine klare Roadmap für die Durchführung skizziert. Es braucht jemanden, der die operative Selbstorganisation fördert, indem er bei Führungskräften die Übergabe von Verantwortung einfordert und bei Angestellten die Übernahme von Verantwortung schult.

Doch in der realen Arbeitswelt ist das eine gigantische Herausforderung. Wer vermag wirklich ein Paradigma zu hinterfragen und neu zu gestalten? Das gelingt nur Menschen, die innerlich frei, also von bestehenden Strukturen unabhängig und von der bestehenden Vergütungslogik unbeeindruckt sind. Durch ihren eigenen Arbeitsmodus „infizieren" sie andere mit dem neuen Paradigma und erschüttern das alte. Indem sie uns permanent antreiben, uns zu modernisieren, setzen sie die neuen Werte, Verantwortungsübergabe und moderne Technologie durch.

Wir müssen Menschen mit dem agilen Mindset strategisch in die entscheidenden Positionen der alten Hierarchie heben, sodass sie Strukturen verändern können. Weil sie mehr Durchdringung schaffen als jedes andere Instrument. Wirkliche Transformation hin zu Agilität und digitaler Wettbewerbsfähigkeit braucht nicht nur Methoden, sondern Menschen, die sie auch gegen jeden Widerstand vorantreiben. Damit in den schwierigen Momenten, in denen es einfacher oder profitabler scheint, am alten Trott festzuhalten, doch die Erneuerung siegt.

Führungsprinzipien aus dem Militär

Viele Menschen sehen das Militär als die hierarchischste aller Organisationen. Der Irrtum könnte kaum gravierender sein. Das Bild des Generals, dem bei den unteren Rängen ausschließlich Drill wichtig ist und der beim kleinsten Fehlverhalten harte Strafen verteilen lässt, täuscht über eine wichtige Eigenschaft militärischer Strukturen hinweg: die Agilität durch Delegation und eng getakteten Informationsaustausch.

„In jedem Discounter ist die Führung hierarchischer als im Militär", sagt Oberst Marco Eggert im Interview. Er war an einigen der gefährlichsten Einsätze in Afghanistan und Mali in führender Position beteiligt. Jetzt leitet er einen Arbeitsbereich im Bundesministerium für

Verteidigung. Seine wichtigste Lektion aus mehr als drei Jahrzehnten als Führungskraft: **Führung verändert sich ständig.**

Der Erfolg einer militärischen Mission hängt oft von präzisen Entscheidungen und funktionierender Zusammenarbeit unter unbekannten, risikobehafteten Umständen ab. Agile Führung ist hier eine Überlebensfrage und kein lästiges Konzept, das Vorgesetzte aus ihrer hierarchisch abgesicherten Ruhe bringt. Zwei Elemente sind elementar für militärischen Erfolg und machen so geführte Einheiten zu Vorbildern für das Management: **Teilautonomie** und **Aktualität von Information**.

Hannes Hauri, aktiver Oberst im Generalstab bei der Schweizer Armee und Geschäftsleitungsmitglied der *RUAG AG,* nennt vier Praktiken aus dem Militär, mit denen Vorgesetzte in Unternehmen diese beiden Elemente in ihrem Team fördern können:

Der „**After Action Review**" ist ein routinemäßiger Rückblick nach jeder Mission. Hierbei werden schonungslos die Ergebnisse mit den Zielen verglichen, um aus Fehlern zu lernen. Ohne Scham und ohne Schuldzuweisungen. Diese Praxis ermöglicht eine hohe „Refresh Rate" und schnelle Verbesserungszyklen. Wer die Fehler- und Feedbackkultur im Team stärken möchte, beginnt am besten hier.

„**Handeln im Sinne des Chefs**" ist eine Praxis, die zur Anwendung kommt, wenn eine Einheit von ihrem Kommandeur getrennt worden ist und schnell handeln muss. Die Frage, die sich der Verantwortliche der Einheit dann stellt, lautet: „Was würde der Chef jetzt machen?" Diese Praxis der Teilautonomie ermöglicht ein Agieren ohne zeitintensive Genehmigungsschleifen und verhindert Zögern oder Paralyse. Die verantwortliche Person erfährt zudem eine Selbstermächtigung, weil die bewusste Entscheidung im Sinne des Chefs die Sorge reduziert, einen Fehler zu machen. Oberst Hauri sagt: „Die Voraussetzung ist ein Verständnis, dass mit der Delegation der Verantwortung nach unten auch selbstredend die Kompetenzen mitgehen und der Chef letztlich auch einen Lösungsweg akzeptiert, den er selbst nicht gewählt hätte – solange er zielführend ist, natürlich. Letzteres verlangt meines Erachtens am meisten von Chefs."

„Auftragstaktik statt Befehlstaktik" beschreibt eine Deutung der Übertragung von Verantwortung. Hierbei wird die Strenge aus dem Vorgang genommen und unterstellt, dass der Empfänger des Auftrags selbst entscheiden kann, wie die gesteckten Ziele im definierten Rahmen zu erreichen sind. Während ein präziser Befehl wenig Spielraum lässt, kann ein Verantwortlicher mit einem Auftrag viel besser lokale oder neue Informationen einbeziehen und sogar in Vorteile verwandeln.

„Einbeziehen der Direktunterstellten in die Entscheidungsfindung" ist ein zentraler Grundsatz der Schweizerische Armee. Er versinnbildlicht den agilen Ansatz am deutlichsten. Nicht der Chef tüftelt im stillen Kämmerlein etwas aus, sondern er konfrontiert zuerst die direkt Unterstellten mit seinem Auftrag und seiner Kampfidee. Das Ziel ist es, ihre Meinung einzuholen, bevor er eine Entscheidung trifft. Damit ist auch sichergestellt, dass die Untergebenen die Entscheidung verstehen und mittragen.

Zusammenfassung Kapitel 2.1

Aus der Logik moderner Arbeit ergibt sich die Notwendigkeit einer hohen *Refresh Rate*. Bei Menschen im starren Mindset ist sie niedrig. Leute mit agilem Mindset hingegen fragen sich ständig: „Wie können wir noch ein Stück besser werden?" Und sie reflektieren sich selbst:

„Bin ich Teil der Lösung? Denn wenn nicht, dann bin ich wahrscheinlich Teil des Problems."

Über die Ergebnisse ihrer (berufsbezogenen) Selbstreflexion sprechen sie offen.

Wandel wird immer durch Individuen angestoßen, nicht durch Methoden und Strukturen.

An zentralen Stellen müssen Pioniere mit agilem Mindset sitzen, und das Unternehmen muss sich folgende Regeln setzen:

Diesen Pionieren müssen wir zuhören.

Wenn sie Alarm schlagen, müssen wir sie ernst nehmen.

Sie brauchen einen klaren Gestaltungsauftrag (mit Leitplanken).

Pioniere geben Feedforward statt Feedback. Und dank dreier Attribute beschleunigen sie den Wandel: Leistungsbereitschaft, Offenheit und Mut. Diese Attribute verleihen ihnen Resilienz und Adaptive Intelligenz.

Orientiert am Konzept der *Salutogenese* kann man die Anforderungen an eine „Novogenese“ benennen:

Bewusstsein (für die Veränderung von Anforderungen)

Ständige Reflexion der eigenen Arbeitslogik

Proaktive Anpassungen in der Zusammenarbeit, um Verbesserungen herbeizuführen.

Beim Militär ist moderne, agile Führung oft eine Überlebensfrage. Teilautonomie und die Aktualität von Informationen sind elementar. Für Unternehmen lassen sich vier Praktiken vom Militär übernehmen:

1. **„After Action Review”**
2. **„Handeln im Sinne des Chefs”**
3. **„Auftragstaktik statt Befehlstaktik”**
4. **„Einbeziehen der Direktunterstellten in die Entscheidungsfindung“**

Kapitel 2.2

Attribute von Pionieren

Was sind Pioniere? Sie sind *Entrepreneurs*, also Unternehmertypen. Sie sind Möglichmacher. Sie sind *Change Agents*, also Akteure des Wandels. Sie sind Musterbrecher. Sie sind Weiterdenkende. Pioniere inspirieren, fragen, mahnen und packen an.

Indem sie den Kulturwandel leben, drängen sie das Konkurrenzdenken und die Selbstgewissheit der Ewiggestrigen zurück. Neue Ideale werden Adaptive Intelligenz (AQ) und die Bescheidenheit des „Beginners Mind“: Wir sind alle auf dem Weg und auf der Suche.

Pioniere sind keine Rebellen. Für Bewahrer ist es einfach, den Störfaktor Pionier als Rebell, Aufständischen und Revolutionär abzustempeln und die eigene Linie als bewährt darzustellen. Das ist ein weiterer Schritt der Absicherung. Doch echte Pioniere sind nur selten Zerstörer. Sie bauen stattdessen gekonnt die Brücke vom Bestehenden zur Erneuerung und ermöglichen einen fließenden Übergang. Das erfordert Fingerspitzengefühl, denn wie bei einer echten Brücke ist die Statik für die Nachhaltigkeit unabdingbar. Pioniere kennen die alte Welt und begreifen gleichzeitig den Nutzen des Neuen.

Dazu zählen beispielsweise Forscher und Unternehmer der Biochemie, wie etwa der deutsche Star-Investor Christian Angermayer. Mit seinem Unternehmen *Atai Life Sciences* forschen Angermayer und sein Team an psychoaktiven Substanzen zur Behandlung von Depressionen und Traumata. Wenn ihre Forschungen Erfolg haben, könnten sie die Lebensqualität von vielen Millionen Menschen in kürzester Zeit drastisch verbessern.

Drei zentrale Eigenschaften und Fähigkeiten, die einen Mitarbeiter zum Pionier machen, stehen im Mittelpunkt dieses Kapitels: die *Adaptive Intelligenz*; die *Diversity of thought*, also das unabhängige und kreative Denken gegen den Strom; und das Talent zur *Vernetzung* und zum Überzeugen zögernder Kollegen.

1: Adaptive Intelligenz (AQ)

Der Mensch ist nach den meisten biologischen Maßstäben die durchsetzungsstärkste Spezies, die unser Planet je hervorgebracht hat. Unser Erfolg verdankt sich zu einem großen Teil unserer kognitiven Kapazität. Das ist die Fähigkeit unseres Gehirns, flexibel mit Informationen umzugehen. Aber unser Gehirn hat sich einst in einer viel weniger komplexen Welt entwickelt, in der viel weniger Informationen auf uns einströmten. „Heutzutage werden unsere Aufmerksamkeitsfilter leicht überfordert", schreibt Daniel J. Levitin in seinem Artikel *Why it's so hard to pay attention*. Immer öfter müssen Menschen sich deshalb die Frage stellen: Wie reagieren wir auf (plötzlichen) Wandel, wenn wir im Glauben sind, formal bestens vorbereitet zu sein, und uns plötzlich der Boden unter den Füßen weggerissen wird?

Im Militär sagt man: "Kein Plan übersteht den Kontakt mit dem Feind." Um zu illustrieren, was damit gemeint ist, schildere ich ein persönliches Erlebnis.

Es war März 2018, und ich stand in einer abgelegenen Berghütte auf über 3500 Meter Höhe im Himalayagebirge von Nepal. Um mich herum standen die sechs Teilnehmer unseres *Growth Masters Leadership Trainings* und sahen mich, ihren Coach, erwartungsvoll an. Bis hierher war alles nach Plan gelaufen. Doch dann war mein Co-Trainer Jimmy plötzlich krank geworden. Diagnose: Magenverstimmung. Wir mussten kurzerhand das Programm umstrukturieren. Ich kann mich noch gut an die Angst in den Tiefen meiner Magengrube erinnern. Ich fragte mich: „Was, wenn mir das nicht gelingt?" Würde das Programm scheitern? Der Ambiguitäts-Effekt hatte mich fest im Griff. Aber nach dem Event wurde uns plötzlich klar, dass die erzwungene, spontane Umstrukturierung keine Verschlechterung, sondern eine Verbesserung des Programms bewirkt hatte. Ich lernte: Formale Vorbereitung hat ihre Grenzen. Die Wahrheit ist: Mentale Vorbereitung, also die Kompetenz, unter immensem Druck kreative Lösungen zu finden, übertrumpft die formale Vorbereitung.

Das menschliche Gehirn mit seinem neuronalen System ist sehr plastisch und kann Informationen effizient verarbeiten. Aber es gibt eine Obergrenze. Denn Neuronen sind Zellen, die für ihre Arbeit Sauerstoff und Glukose benötigen. Die Informationsverarbeitung verbraucht erhebliche Mengen dieser Ressourcen, so dass das Gehirn schnell ermüdet. Stell dir vor, zwei Personen wollen dir gleichzeitig Informationen vermitteln. Diese Informationsmenge von zirka 120 Bits pro Sekunde ist in etwa das obere Verarbeitungslimit. Führungskräfte, die es gewohnt sind, viele Entscheidungen zu treffen, sind vielleicht etwas besser, aber sie sind dennoch durch eine biologische Obergrenze beschränkt.

Um die Menge der Informationen zu begrenzen, die zur Verarbeitung an unser Bewusstsein weitergegeben werden, überwachen Millionen von Neuronen ständig die Umgebung. Dies ist ein unbewusster Prozess im präfrontalen Kortex, der als Aufmerksamkeitsfilter bezeichnet wird. Ihm verdanken wir, dass wir die meisten alltäglichen Ereignisse um uns herum nicht registrieren. Er ist aber auch der Grund dafür, dass wir neue Impulse gerne ausblenden und lieber in Standardroutinen der Komfortzone und nach fixen Plänen weiterarbeiten. Verstärkt wird der Drang, sich nicht zu verändern, noch durch den Wunsch, Macht, Anerkennung und andere Privilegien zu behalten.

Zum Glück hat der strenge Aufmerksamkeitsfilter einen Gegenspieler: „Ein Grundzug menschlicher Intelligenz ist ihre Anpassungsfähigkeit. Das ist die Gabe, Konzepte über die Welt zu erfinden und so abzuändern, dass sie zu wechselnden Zielen und Umgebungen passen", sagt Lera Boroditsky, Assistenzprofessorin für kognitive Psychologie an der Stanford University (Kalifornien). Im Unterschied zur klassischen Intelligenz (IQ) und zur Emotionalen Intelligenz (EQ) bezeichnet *Adaptive Intelligenz (AQ)* ebendiese Anpassungsfähigkeit. Sie setzt sich zusammen aus zwei Komponenten: Erstens der mentalen Stärke, sich auch an der Belastungsgrenze ad hoc auf schwierige Umstände einzulassen (*Distress Tolerance,* also Stressresistenz), und zweitens die Bereitschaft, die eigenen Denk- und Handlungsmuster zu ändern (Flexibilität). Es geht dabei sowohl um die Eindämmung negativer Reflexe als auch um die geregelte Reflexion der eigenen Standardroutinen.

Es gibt Menschen, die winzige Vorfälle in gigantische Probleme verwandeln. Das liegt nicht selten an Machtgehabe und ausartenden Bürokratien. Viel Widerstand kommt aber auch daher, dass solche Menschen mit dem Neuen und Unberechenbaren nicht zurechtkommen, besonders wenn es ganz plötzlich und in einer schon vorher angespannten Situation auftaucht. Dann gleiten sie von der Komfort- in die Panikzone. Oftmals spielt Verlustangst eine Rolle.

Je länger wir in der Komfortzone sind, desto mehr setzt unser Gehirn die Interpretation „schwierig" gleich mit „falsch". Diese Verlinkung müssen wir trennen. Bestsellerautor Robert Greene *(Die 48 Gesetze der Macht)* sagt: „Der Schlüssel zum Lernerfolg ist es, sich nicht ablenken zu lassen, wenn es schwierig wird."

Schaue dir zur Vertiefung das folgende Video auf Youtube an: Robert Greene's 5 Rules for Becoming the Best at What You Do (Englisch)[7].

Seine eigenen Standardroutinen zu ändern ist ausgesprochen schwierig. Machen wir direkt den Test. Keine Angst, es wird nicht mehr passieren als ein Augenöffner. Öffne dein Smartphone auf dem Homescreen. Jetzt verschiebe deine Nachrichten-App bzw. WhatsApp auf die entgegengesetzte Seite des Bildschirms. Schließe dein Handy wieder. Ich bin gespannt, wie lange du es aushältst, bevor du die App wieder zurückverschieben „musst."

---

7 https://youtu.be/NNnZf0w_UTg

Dr. Andrew Huberman von der Stanford Medical School beschreibt in diesem Zusammenhang die *Neuroplastizität*, also die generelle Fähigkeit des Gehirns, neue neuronale Verbindungen zu formen und neue Routinen anzueignen. Man könnte auch sagen: neue Denkwege zu gehen. „Der Grund, aus dem wir die dominante Spezies auf dem Planeten sind", sagt Huberman im Interview, „ist, dass unser Gehirn und Nervensystem eine adaptive Maschine ist. Wir sind geradezu dazu geschaffen, uns zu verändern. Es ist, als wäre man ein Gefährt, das auf einer Schotterstraße ein Geländewagen ist und sich auf einer asphaltierten Straße in einen Rennwagen verwandelt." Doch im Organisationskontext haben wir das vergessen und fallen deshalb rapide zurück. Evolutionspsychologen bezeichnen diese mangelnde physische oder mentale Vorbereitung auf die Neuzeit als *Mismatch*. Die Neuzeit und unser Verhalten sind nicht im Einklang. Es gibt Nachholbedarf!

Dabei ist die *Lernfähigkeit* an sich selten das Problem. Ein Rechtshänder, der seinen „starken" Arm verliert, wird sehr schnell mit links Schreiben, Zähneputzen und Essen lernen. Der *Lernwille* ist das Problem. Man hält an fixen Gedanken und Strukturen fest, weil sie einen in der Komfortzone halten. Im Arbeitskontext zählt hier, dass sie uns weniger angreifbar machen, beziehungsweise vor dem Verlust von Kontrolle schützen. Man will sich von den Privilegien und der Quasi-Immunität nicht trennen. Kommt der Wandel mit einem Wumms, wird lautstark protestiert oder mit Aktionismus Wandel vorgetäuscht.

Zum Schluss eine interessante Parallele: Nationen sind Organisationen, und was für sie gilt, gilt auch für Firmen. „Die häufigste Ursache, aus der Nationen heutzutage scheitern, ist, dass sie Macht zentrierende Institutionen haben", sagen Daron Acemoğlu und James A. Robinson, die Autoren von *Warum Nationen scheitern*. Schöner Stoff zum Nachdenken für die Kontrolleure unter den Managern.

Meister der Belastbarkeit

Um *Adaptive Intelligenz* zu entwickeln, muss man an seiner Belastbarkeit (*distress tolerance*) arbeiten, oder genauer: am eigenen Grundniveau emotionaler Belastbarkeit. Das ist der Punkt, von dem an man eine Situation als störend wahrnimmt. Dieser Punkt ist bei jedem Menschen unterschiedlich. Deswegen ist Komplexität niemals absolut, sondern immer relativ. Ein Künstler entfaltet sich vielleicht erst im Chaos, während der Koch strikte Ordnung braucht. Manche Menschen explodieren je nach Situation und Tagesform beim kleinsten Druck, der auf ihnen lastet. Bei anderen ist eine hohe emotionale Belastbarkeit das Naturell. Sie haben es leichter mit Wandel und sind natürliche Pioniere. Andrew Huberman versichert jedoch, dass sich jeder die Adaptive Intelligenz aneignen kann. Als früherer „Kontrollfreak" kann ich das aus eigener Erfahrung bestätigen. Doch die Erfolge entstehen nicht wie von selbst. Sie basieren auf Training. Es geht zu einem großen Maß um emotionale Fitness. Deshalb nenne ich die Adaptive Intelligenz auch gerne den „Change-Muskel".

Dr. Andrew Huberman erklärt in diesem Zusammenhang den Nutzen von kurzzeitigem (akutem) Stress, bei dem Testosteron ausgeschüttet wird. Das Unbehagen, das wir dabei verspüren, trainiert die Leistungs- und Adaptationsfähigkeit. Über diese wiederholten Impulse können wir das Mindset beeinflussen. Wir bleiben im „Beginner's mind", statt einzurosten. Verhaltensforscher nennen das Hyposensibilisierung. Wir weiten damit unsere Toleranzgrenze für Stress. Pioniere verspüren einen natürlichen Drang, diesen akuten Stress für sich zu nutzen, statt ihn zu vermeiden. Das trainiert ihre Adaptive Intelligenz. Denn wirklich etwas zu bewegen ist denen vorbehalten, die auch die ungemütliche Konfrontation mit Widerstand in Kauf nehmen. Im Gegensatz dazu gibt eine Führungskraft mit niedriger Adaptiver Intelligenz den Druck, der auf ihr lastet, ungefiltert weiter an das Team. Die Meister der Belastbarkeit dagegen können ihre Emotionen und Wertungen in hohem Maß kontrollieren.

Woher kommt die Abneigung gegen Veränderungen? Ein Grund könnte sein, dass die westliche Art zu denken Emotionen sehr schematisch betrachtet: Sie lässt uns glauben, dass ein negatives Gefühl eine positive Emotion überlagert und aufhebt. Deshalb wollen sich viele um keinen Preis aus ihrer Komfortzone herausbewegen – es fühlt sich negativ an. Und wenn der Ambiguitäts-Effekt in vollem Gang ist, interpretiert das Gehirn Veränderung als Bedrohung und begibt sich in den sogenannten

FFF-Modus (für Englisch *fight, flight or freeze*): Wir überreagieren, laufen weg oder sind paralysiert. Andrew Huberman versichert allerdings, dass wir durch Training lernen können, den unbewussten FFF-Modus zu kontrollieren und uns bewusst Wahlmöglichkeiten offenzuhalten.

Aus dem Pionier-Werkzeugkasten: Verhaltensänderung

Verhaltenswissenschaftler wissen, dass Entscheidungen fast nie ausschließlich rational gefällt werden, sondern dass es eine erhebliche Rolle spielt, wie sich jemand mit dem Ergebnis einer Entscheidung *fühlt*. Manager und auch Politiker vergessen das regelmäßig. Ein Beispiel ist die Debatte um den ökologischen Fußabdruck beim Fliegen. Politiker wollen Menschen dazu bewegen, weniger zu fliegen und auf die Bahn umzusteigen. Sie wären gut beraten zu fragen, wie sich Fliegen für die Menschen anfühlt, die dieses Verkehrsmittel bevorzugen. Die Zeitersparnis ist bei vielen Strecken minimal, kann also nicht der Hauptfaktor sein. Viel mehr kommen Push- und Pull-Faktoren zur Anwendung. Der größte Pull-Faktor: Menschen sehnen sich nach dem Gefühl, das mit dem Fliegen verbunden wird. Der Flughafen, das Flugzeug und der gesamte Ablauf der Reise vermitteln Freiheit, Freiraum und die Reputation eines Weltbürgers. Für viele ist deshalb die Preiselastizität hoch. Das bedeutet, selbst wenn die Preise (zum Beispiel durch zusätzliche Ökosteuern) steigen, sinkt die Nachfrage nach Flügen nicht wesentlich. Also können solche politischen Maßnahmen nur bedingt helfen.

Und wie ist es mit den Push-Faktoren (hin zum Fliegen)? Die immer wieder angepriesene Alternative Bahn ist in vielerlei Hinsicht keine, denn die Leistung ist relativ bescheiden. Wer viel Bahn fährt, kennt die gängigen Probleme: Bahnfahren ist teuer, die Züge sind häufig verspätet, das Ruheabteil ist keines, das Internet ist schlecht. Das letzte Bahnreform fand in den 1990er Jahren statt. Wer Menschen dazu bringen will, vom Flugzeug auf die Bahn umzusteigen, muss das *Gefühl* beim Bahnfahren verbessern. Die Entwicklung mit dem größten Potenzial heißt übrigens weder ICE noch Transrapid, sondern *Hyperloop*. Dieses Konzept setzt neben Geschwindigkeit auf das Erlebnis.

Unterschiedliche Gefühle können übrigens sehr wohl koexistieren. Du kannst glücklich sein, obwohl du hungrig bist. Dies zu akzeptieren ist ein erster Schritt, um sich zu befreien. Eine neurowissenschaftlich fundierte Methode, um die Kontrolle über Empfindungen zu gewinnen, ist die Meditation. Meine persönliche Sicht auf dieses Werkzeug kannst du in Teil 3 kennenlernen. Ein zweites Werkzeug ist das *Reframing*, was in etwa „Umdeutung" bedeutet. Dabei setzt man eine bestimmte Situation bewusst in ein neues Licht. Die Bedeutung wird neu interpretiert. Das einfachste Beispiel dafür ist, wenn man einen Misserfolg in eine Lernerfahrung umdeutet. „Wir sind in der Lage, unseren emotionalen Zustand nach Bedarf zu ändern. So generieren wir Zeit oder Ruhe, wo vorher Zeitdruck bzw. Hektik vorherrschten", sagt Andrew Huberman.

Vielen erscheint dieses Tool auf den ersten Blick realitätsfern. Sie finden, man verschließe so nur die Augen vor dem Scheitern. Unternehmer nutzen dieses Werkzeug allerdings erfolgreich, um sich schnell über Lernerfahrungen zum nächsten Erfolg zu hangeln. Es ist eine konstruktive Einstellung zu einer Gegebenheit. Das Reframing schafft die Grundlage zum Aufstehen und Weitermachen, während andere sich mit „der Realität" (sie kennen nur eine) abfinden und sich geschlagen geben. Das Reframing ermöglicht es Menschen, trotz schwieriger Rückschläge emotional unbeirrt weiterzumachen. Oder in den Worten von Shakespeare: „An sich ist nichts weder gut noch schlimm, das Denken macht es erst dazu."

Hier sind fünf Tipps für mehr emotionale Kontrolle in komplexen, enttäuschenden und beängstigenden Situationen:

1. *Versuche den größeren Sinn zu erkennen. Dieser kann neuen Antrieb geben.*
2. *Öffne dich konträren Meinungen, ohne dich persönlich angegriffen zu fühlen und deshalb Gegenwehr zu leisten.*
3. *Übe dich darin, die Angst vor Machtverlust abzulegen.*
4. *Reality check: Ist es wirklich so dramatisch, wenn das ab jetzt jemand anderes macht? Könnte es sein, dass mein Mehrwert der Zeitgewinn ist und dieser das potenzielle Risiko überwiegt, dass der andere anfangs Fehler machen wird?*
5. *Deute Stress in eine Lern-Chance um. (Siehe auch Teil 3.)*

2: Diversity of thought

Diversität ist nicht nur eine soziale Verpflichtung, sondern eine strategische Notwendigkeit. Wer Diversität nicht als absolute Priorität anerkennt, beschert sich einen strategischen Nachteil. „Jedes Mal, wenn ich einen Boardroom mit Menschen sehe, deren Profile praktisch homogen sind, denke ich: Wie unklug handelt diese Firma!" sagt der bereits zitierte *Culturedesign*-Gründer Karim Mustaghni.

Es geht Karim dabei nicht nur um die „äußerliche" Diversität, an die wir alle als Erstes denken: Hautfarbe, Geschlecht, Alter, Fachbereich. Am wichtigsten ist aus seiner Sicht die Diversität der Denkweisen (englisch *Diversity of thought* oder *Opinion Diversity)*. Kurz, das willkommene Andersdenken. Wissenschaftler haben herausgefunden, dass Teams, die mehr Assoziationen haben, weil sie verschiedene Vorstellungen miteinander verknüpfen können, auch auf mehr konkrete und praktikable Ideen kommen. Ihre Denkmöglichkeiten sind einfach breiter. Das bedeutet zwar mehr Denk- und Debattier-Arbeit, aber es lohnt sich für die Firma. Karim Mustaghni sagt: „Auch um mit Spannungen umgehen zu können, braucht man *Diversity of thought*." Denn man muss abstrahieren können von der eigenen kulturellen Prägung.

Die Arbeitsteilung des Industriezeitalters hat uns zu Maschinen gemacht. „Wir sind umgeben von Technokraten, Fachidioten, Zahlenkaspern und Book Smarts (theoriefixierte Menschen). Das macht uns betriebsblind!" sagt unser Beispiel-Pionier Mark. So kann sich keine Adaptive Intelligenz in der Organisation entfalten. Alles agiert im Tunnelblick-Modus – und wenn plötzlich aus dem Off etwas Unerwartetes geschieht, sind alle überfordert und der Zug entgleist. Und danach will es keiner gewesen sein. Deshalb trifft das, was auf der Teamebene gilt, auch auf das Profil einer einzelnen Person zu: Es genügt nicht mehr, Meister eines Fachs zu sein. Menschen mit einem H-förmigen Kompetenzprofil sind klar im Vorteil. In Kapitel 2.3 erfährst du, wie dieses Kompetenzprofil aussieht. Aber der nächste Schritt ist erst einmal die reflektierte Prüfung, ob das Andersdenken in der eigenen Organisation überhaupt willkommen ist und ob man als Pionier ein ausreichendes Netzwerk hat, um andere zu überzeugen und mitzureißen.

3: Vernetzt überzeugen

Wie sich ein Anpassungsprozess im Zeitverlauf entwickelt, kann man mit der Durchdringung von Innovationen (englisch: *Diffusion of Innovation*) beschreiben. Er wird als klassische Normalverteilung oder „Glockenkurve" dargestellt. In Organisationen gilt das nicht nur für Technologien, sondern auch für Verhaltensweisen. Das Akzeptieren einer neuen Arbeitspraxis oder eines veränderten Prozessablaufs erfolgt unter anderem nach den psychologischen Merkmalen verschiedener Archetypen. Die erste Gruppe von Menschen, die ein neues Verhalten zeigt, sind die „Innovatoren," gefolgt von den „Early Adopters", also denen, die eine Änderung neugierig und schnell aufgreifen.

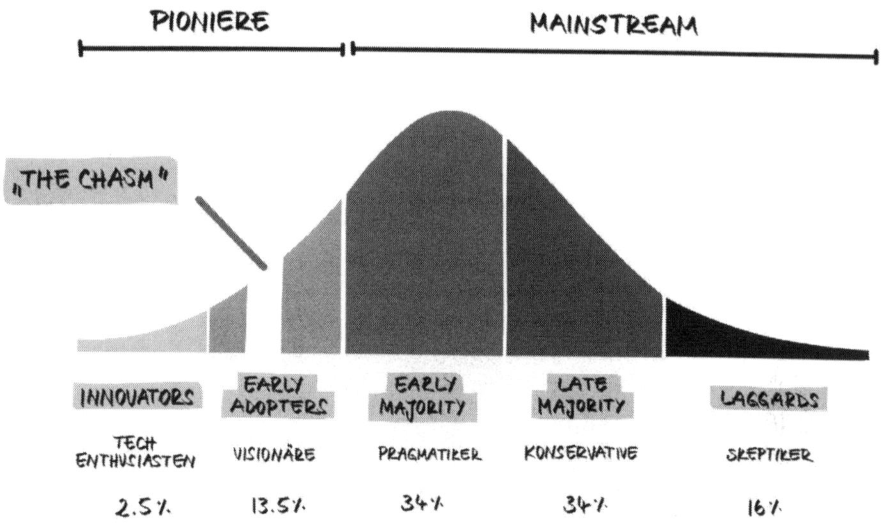

Abbildung 14: Menschen und nicht Projekte bewirken Fortschritt

Doch die Verhaltensanpassung wird für die Organisation erst zur Norm, wenn nicht nur alle Innovatoren und *Early Adopters* sie vollziehen. Der Wendepunkt ist die Schwelle (engl. chasm)[8] von bis zu 16 Prozent der Mitglieder einer Organisation (manchmal etwas weniger). Man muss die neuen Praktiken über diese Schwelle hinweg bis in die *Early Majority* (frühe Mehrheit) bringen, um sie zur Norm zu machen. Erst danach kann man ein Verhalten als Element der Kultur einer Organisation überhaupt erwägen. Und das geschieht nicht von selbst. Es braucht gewissenhafte Botschafter (die zum Beispiel die Dringlichkeit verdeutlichen) hin zum Wendepunkt. Dieser Lobbyismus kostet Energie, weshalb es Pioniere braucht, die diese Energie unermüdlich aufbringen.

Was folgt daraus für Unternehmen?

Erste Schlussfolgerung: Die Kompetenzen von Pionieren müssen den *Early Adopters* beigebracht werden. Aus der Bildungsforschung ist schon länger bekannt, dass man sich an seine Umgebung anpasst. Neues Verhalten stellt sich also ein, wenn sich die Umgebung einheitlich ver-

8 Moore, Geoffrey; *Crossing the Chasm, Collins Business Essentials, 2014*

hält. Beobachtet jemand ein bestimmtes Verhalten bei mehreren unterschiedlichen und respektierten Personen, wird es übernommen. Fazit: Der Druck, anders zu arbeiten, wächst mit den Praktikern und deren Vernetzung.

Zweite Schlussfolgerung: Pioniere sollten strategisch positioniert werden und sich regelmäßig vernetzen können. Übrigens ist das auch betriebswirtschaftlich sinnvoll. Große Umstrukturierungs-Maßnahmen sind teuer. Pioniere hingegen sind Multiplikatoren, die dezentral und damit günstig und schnell Veränderung anstoßen.

Dazu eine kleine Aufgabe für dich: Wer sind die möglichen *Early Adopters* in deiner Umgebung? Suche den Austausch mit ihnen.

Dritte Schlussfolgerung: Die firmeneigene Exzellenzinitiative muss Adaptive Intelligenz enthalten. Das Training von Pionierkompetenzen muss in die Talente- und Führungskräfteentwicklung einfließen.

Insbesondere die digitale Transformation verlangt ständige Verhaltensänderungen: eine neue Abfolge von Arbeitsschritten, eine neue Kommunikationsform oder ein neues System. Durch Üben können wir uns selbst neuen Handlungsspielraum schaffen. Das Ziel sollte es sein, auch unvorhersehbare Stolpersteine mit Leichtigkeit zu nehmen. Unternehmer-Persönlichkeiten trainieren diese Kompetenz ständig. Im Englischen sagt man "use it or lose it": Wer etwas nicht regelmäßig praktiziert und übt, verliert die Kompetenz. Doch in hierarchischen Unternehmen und ihren starren Strukturen wird einem dies abtrainiert. Stattdessen wird Konformität belohnt.

Im Zusammenhang mit Change-Prozessen bedeutet Durchdringung: Arbeitsroutinen effektiv und unternehmensweit anpassen. Aber die Durchdringung scheitert oft daran, dass sich die Arbeitslogik und die Prioritäten nicht grundlegend ändern. Das Alte findet sich im neuen System wieder. Hier kommen Pioniere der Veränderung ins Spiel. Pioniere sind nicht nur Ergründer von Neuland. Als raffinierte Gestalter, wissbegierige Forscher und willensstarke Aktivisten bewirken sie Verhaltensänderung. Sie machen *Adaptive Intelligenz* zur Normalität und läuten eine (geistige) Verjüngung der Organisation ein.

Pioniere können Verhalten beeinflussen. Dabei sind zwei Dimensionen wichtig: Entlernen und Nachahmen. Verhaltensänderung beinhaltet neben dem Lernen von Neuem immer auch das Ent-Lernen von Bestehendem. Das ist ohne fremde Hilfe ausgesprochen schwierig. Pioniere sind frische Vorbilder, an denen man sich gerne orientiert. Durch ihren Veränderungswillen begleiten sie das Entlernen.

Und Neues zu lernen bedeutet immer das Nachahmen von Vorbildern, die es schon beherrschen. Die Sprachlehrerin bringt uns die Aussprache im Französisch bei. Der Meister führt die Arbeitsschritte aus und der Lehrling kopiert sie, bis die Praxis sitzt. Durch die Vorbilder werden die neuen Arbeitspraktiken für andere Angestellte weniger fremd, und es eröffnet sich die Gelegenheit zu modellieren. Daher frage dich am besten: Gibt es jemanden, der bei der zu erlernenden Fähigkeit schon weiter ist als du selbst? Jemand, von dem du lernen und dir Verhaltensweisen abschauen kannst? Nimm Kontakt auf und profitiere von diesen Kompetenzen.

Zusammenfassung Kapitel 2.2

Wesentliche Attribute von Pionieren und Innovatoren sind die **Adaptive Intelligenz (AQ)**, die

Diversity of thought und die strategische Platzierung von Pionieren in der Organisation zum Zwecke der **Vernetzung**.

Meister der Belastbarkeit überwinden die Grenzen des Gehirns, dessen Aufmerksamkeitsfilter uns oft an bequemen Routinen und Privilegien festhalten lässt. Sie stärken gezielt den Gegenspieler des Aufmerksamkeitsfilters: die Flexibilität unseres Gehirns. Die emotionale Belastbarkeit lässt sich nämlich durch Training steigern. Und negative Emotionen angesichts von Veränderungen lassen sich ertragen oder umdeuten. Man kann also üben, mit emotional schwierigen Situationen fertigzuwerden und sich unter Kontrolle zu haben.

Ein Schlüssel für Ideen und Erfolge ist die Diversität der Teams und des Denkens. Das Zeitalter der Fachidioten und Maschinenmenschen ist vorbei.

Wenn der Wandel das Unternehmen durchdringen soll, kommt es vor allem auf die Innovatoren und Early Adopters an, also die neugierigen und dynamischen Pioniertypen. Sie sind die Botschafter und Vorbilder beim Neu-Lernen und Ent-Lernen. So wird die *frühe Merheit* gewonnen und das neue Verhalten zur Norm. Deshalb sollten Pioniere strategisch positioniert werden und sich regelmäßig vernetzen können. Sie stehen auch gegen eine Kultur der Konformität, in der man die Lust auf Neues nicht übt, sondern verkümmern lässt. Auch bei der Entwicklung von Talenten und Führungskräften sollten die Fähigkeiten von Pionieren eine größere Rolle spielen als bisher.

Kapitel 2.3

Das Pionier-Kompetenzmodell

Attribute statt Kompetenzen

Wir haben gelernt, dass Pioniere mit einem agilen Mindset arbeiten. Das heißt, sie sind permanent problemlösend. Doch welche Elemente machen das agile Mindset überhaupt aus? Welche Attribute, also welche Einstellungen und Charaktereigenschaften, machen einen zum Macher und Problemlöser? Mit welchen Skills durchdringen Pioniere die lähmende Arbeitspraxis, wo andere den Stillstand begünstigen? Das sehen wir uns nun an. Sechs Kernkompetenzen machen das Aufbrechen fixer Strukturen für Pioniere möglich.

Gestalter { 1. Schöpfergeist
2. Eigenantrieb

Forscher { 3. Wissensdurst
4. Reflexionsfähigkeit

Aktivist { 5. Durchsetzungskraft
6. Belastbarkeit

Mit diesen sechs Kompetenzen gehen Pioniere an Probleme heran – je nach Persönlichkeit als Gestalter, Forscher oder Aktivist. Alle sechs Kompetenzen sind, wie erwähnt, Attribute, also Charaktereigenschaften. Es sind „weiche" Elemente des inneren Antriebs und keine *Hard Skills*. Natürlich sind Skills wie Projektmanagement essentiell dafür, Wandel effektiv zu organisieren. Die sechs Kernkompetenzen von Pionieren jedoch sind die Grundlage dafür, wie sie auftreten, überzeugen und bei Gegenwehr weitermachen. An ihnen hängt der Erfolg von Change-Prozessen.

So mancher wird diese Kategorien jetzt belächeln: *„Wirtschaft ist etwas für Erwachsene und keine Therapieveranstaltung! Und wie sollen spinnerhafte Tüftler, weltfremde Wissenschaftler oder gar Querschläger und Störenfriede Firmen bewegen?! Lass das doch bitte lieber die Profis machen!"*

Aber die Glorifizierung von Intellekt, Fachwissen und formalen Qualifikationen ignoriert, dass Attribute einen großen Teil zum Erfolg beitragen – und die Dinge, auf die es angeblich ankommt, auch Gefahren bergen. Psychologen sprechen vom *Dunning-Kruger Effekt*, wenn Menschen das eigene Wissen und Können überschätzen. Forscher fanden beispielsweise heraus, dass Menschen mit sehr hohem IQ besonders gut darin sind, Muster zu erkennen. Doch genau das sorgt dafür, dass sie auch viel einfacher in die Falle des Denkens in Stereotypen tappen als Menschen mit durchschnittlichem IQ.

Viele "Profis" liegen mit fettem Bauch im Dornröschenschlaf. Sie sind reich an Privilegien und arm an Kreativität und Leistungsfähigkeit. Was die Unternehmen aber aktuell brauchen, sind Pioniere, die auf weiche Kompetenzen zurückgreifen, um eine harte Kehrtwende zu vollziehen. Diese weichen Kompetenzen sind unter anderem deshalb so schwach vertreten und ausgeprägt, weil unser Schulsystem und unsere

Karrieremodelle zu sehr auf Hard Skills und technische Kompetenzen fokussiert sind.

Der Organisationspsychologe Adam Grant nennt einen weiteren Grund dafür, dass wir uns gerne auf Hard Skills fokussieren: „Die Ironie der ‚Soft Skills' ist, dass sie meistens am schwierigsten zu meistern sind. Führungskompetenz, Kommunikation, Kollaboration, Kreativität und Adaptivität sind keine technischen Fähigkeiten, aber sie werden immer wichtiger. Verhaltenskompetenzen, soziale Skills und Emotionale Intelligenz machen Menschen unverzichtbar."

Beispiel Wissensdurst: Vor lauter Normierung und Prüfungen wird es Kindern abtrainiert, ihren Geist für spontane Kreativität zu öffnen. David Foster Wallace sagt dazu: „Das Denken will gelernt sein. Das bedeutet, stets bewusst zu wählen, worauf du deine Aufmerksamkeit lenkst. Deshalb hat echte Bildung fast nichts mit Wissen zu tun. Es geht einfach um simples Bewusstsein."

Wenn Soft Skills doch gelehrt werden, dann sind sie oft wie Hard Skills verpackt. Denn das lässt sich besser verkaufen. Nehmen wir das Beispiel „Kreativitätstraining". Hast du schon mal eine Werbung für ein „Training für Schöpfergeist" gesehen? Verpackt als Hard Skill lässt sich jedoch mit dem Soft Skill „kreatives Denkvermögen" reichlich Geld verdienen.

Du kannst Menschen nicht so leicht ändern. Aber du kannst Menschen jeden Alters inspirieren. Und zwar zum Kreieren, Forschen und Machen. Das sind die drei Pionier-Archetypen. Jeder Pionier vertritt aufgrund seiner Persönlichkeit bzw. seines Lernfokus einen bestimmten Typ. Beispielsweise ist ein Aktivist eher ein "Debattierer" – hier sind seine Stärken am meisten ausgeprägt. Im Folgenden nehmen wir die drei Archetypen mit ihren dominanten Attributen genauer unter die Lupe.

GESTALTER: Kreativer mit Eigenantrieb

Wie wir gesehen haben, lieben manche (viele?) Menschen das Verwalten und Bewahren. Sich körperlich und geistig zu bewegen, ist eine Qual für sie. Sie bauen auf die Sicherheit des Gewohnten. Im Schutz der Regeln folgen sie loyal jeder Anweisung, egal ob sie sinnvoll ist oder nicht. Diese Menschen *funktionieren*, aber sie hinterfragen das Bestehende nicht. Sie probieren nichts Neues aus. Verwalter denken linear, sie müssen alles konkret und korrekt erklären können. Dazu gesellen sich die Menschen, die einmal etwas bewegen wollten, aber aus Frust über permanenten Widerstand die Kraft und Motivation verloren haben. Diese Resignierten bevölkern ganze Abteilungen, vor allem in großen, behördenhaft organisierten Unternehmen. Das kommt professioneller Zukunftsvernachlässigung gleich.

Der Gestalter hingegen denkt nicht linear. Er sortiert sich die Dinge selbst und ist oft sogar genervt vom Linearen, denn nur das neu Vernetzte erlaubt es ihm, Innovation durch Gedankensprünge zu schaffen. Juliane steht stellvertretend für den Pionier-Archetyp des Gestalters. Er ist das Gegenteil des passiven Abarbeiters, der einfach seine Aufgaben "nach Plan" ausführt. Der Gestalter ist ein Macher, der vor allem mit Leistungsbereitschaft besticht. Bei diesem Archetypen finden wir die zwei Kernkompetenzen *Eigenantrieb* und *Schöpfergeist.* Juliane geht mit Vollgas an Projekte heran und kann sich selbstständig motivieren. Sie hat eine ausgesprochen aktive Lebenseinstellung, und zwar auch noch nach wiederholten Enttäuschungen. Sie übernimmt Verantwortung und wird ihr, dank hoher Gewissenhaftigkeit, auch gerecht. Sie löst Probleme selbständig und unternehmerisch. Sie ist kreativ und findig beim Entdecken neuer Lösungen. Ihre Stärke liegt darin, aufgrund ihrer Imaginationsfähigkeit existierende Bausteine zu etwas Neuem zu konfigurieren. Ihr Optimismus ist stark ausgeprägt, ohne naiv zu sein. Ein typischer Satz aus Julianes Mund könnte lauten: „Das wird schon klappen." Im Zweifel macht und probiert sie Dinge aus, statt erst akribisch zu planen oder gar in die Panikzone zu rutschen. Sie strebt nicht nach Perfektion, sondern nach Bewegung. 70 Prozent Zielerreichung heute und stetige Verbesserung im Hinblick auf morgen sind für Juliane wertvoller, als ewig auf eine „perfekte Lösung" zu warten.

Juliane ist nur geringfügig durch Macht, Status und Geld angetrieben. Stattdessen fühlt sie sich dem Kernziel (*Purpose*) verpflichtet. Ihr ist eine hohe Service-Kreativität, also der Ideenreichtum rund um das Kundenziel, extrem wichtig. Für die Erfüllung dieses Kernziels ist sie bereit, Unannehmlichkeiten in Kauf zu nehmen, statt den Weg des geringsten Widerstands zu wählen. Ihrer Persönlichkeit wohnt ein gewisser „Sense of Urgency" inne, also der Drang, unmittelbar etwas zur Lösung eines erkannten Problems zu tun. Dabei helfen ihr die „Above & beyond-Mentalität" und das empathische Denken. Sie ist eine natürliche Führungskraft, weil sie andere dazu motivieren kann, sich selbst zu informieren und zu organisieren.

Selbstantrieb statt Selbstorganisation

Eine traurige Wahrheit ist, dass sich viele Mitarbeiter zwar (mehr) Selbstorganisation, sprich: mehr Eigenständigkeit und weniger Hierarchie wünschen, aber absolut nicht kompetent darin sind. Kein Wunder, dass Führungskräfte ihnen diesen Spielraum bald wieder entziehen. Am Ende muss ja jemand den Kopf für schlechte Leistung oder nicht erreichte Ziele hinhalten. Pioniere sind aufgrund ihrer *Umsetzungsstärke* die Ersten, denen man Selbstorganisation ohne zu viel Risiko zutraut.

Pionier zu werden war aus Julianes Blickwinkel unglaublich einfach. Denn wer Eigenantrieb hat, geht die Extrameile und findet Lösungen, wo andere schluffig das Mindestmaß erledigen. Juliane ist Gestalterin, weil sie aus Interesse eine echte Lösung designt und deren Implementierung dann gewissenhaft forciert.

„Wenn ein neues Projekt ansteht und nach Freiwilligen gesucht wird, wird es in den meisten Meetings erstmal still. Alle sind eh schon mit Arbeit überladen. Den meisten ist gar nicht klar, dass das an ihrer eigenen Einstellung und an der Organisation ihrer Arbeit liegt. Ich schätze, wir könnten im Durchschnitt mindestens 30 Prozent effizienter sein, wenn wir unsere Arbeitspraxis optimieren und besser kommunizieren würden", sagt Juliane. Drei Dinge sind ihrer Ansicht nach besonders wichtig bei der Übernahme von Verantwortung:

- Ich stelle klar, dass ich die Aufgabe und ihre strategische Bedeutung verstanden habe.

- Ich präsentiere eine systematische Vorgehensweise und mache klare Ansagen, sobald wir vom Weg abkommen.
- Ich agiere als Teamplayer, indem ich Informationen schnell weitergebe und andere regelmäßig und ohne Aufforderung über die Zwischenstände unserer Arbeit informiere.

Juliane demonstriert durch Ergebnisse und Transparenz, dass sie die Richtige für den Job ist.

Mikromanagement adé mit Telenors Tight-Loose-Tight-Methode

Die meisten Projekte kann man in drei Phasen unterteilen: Zielsetzung, Durchführung und Kontrolle. Beim ersten und letzten Punkt sind Vorgesetzte wichtig. Sie stellen sicher, dass strategische Ziele in operative Vorgaben umformuliert werden und zur festgelegten Deadline ein Ergebnis vorliegt. Nur wenn die Führung hier relativ straff ist, kann die Firma Ergebnisse erzielen.

Doch mangelndes Vertrauen in die Kompetenz der Angestellten führt zu Mikromanagement bei der Durchführung. Dann ist die Führung in allen drei Phasen straff. Aber wenn Vorgesetzte in die Durchführung "hineinpfuschen", dann fühlen sich Angestellte schnell wie in Handschellen. Ihre Arbeit wird kontrolliert, eingeengt und gebremst – vor allem, wenn ihre Fachexpertise die des Vorgesetzten übersteigt und die "Zahlenkasper" eine sinnvolle Problemlösung gefährden.

In der New-Work-Bewegung ist immer wieder die Rede von *Selbstorganisation*. Der Angestellte sei doch fähig und willig, die Zielsetzung, Durchführung und Kontrolle selbst zu übernehmen. Die Führung solle deshalb an allen drei Punkten gelockert werden. Die Realität sieht anders aus. Wenn Führungskräfte dem Druck von Startup-Konferenzen, New-Work-Magazinen und Change-Beratern nachgeben und mehr Verantwortung übertragen, dann stellt sich oft heraus, dass viele Angestellte dieser neuen Verantwortung gar nicht gerecht werden können und wollen. Sie sollen plötzlich strategisch denken und Risikoentscheidungen mittragen.

Das Ergebnis ist dann minderwertig, strategisch nicht einzuordnen, oder kommt unpünktlich. Vielen Angestellten eilt ein romantischer Ruf voraus, ihren Vorgesetzten eigentlich gar nicht zu brauchen, und solange es nicht zur Probe aufs Exempel kommt, stricken sie gerne selbst mit an diesem Bild.

Und ganz unabhängig von der persönlichen Eignung und Bereitschaft der Individuen: Den Angestellten auch die Zielsetzung und die Kontrolle komplett und sofort zu überlassen, ignoriert die Tatsache, dass Organisationen über mindestens sechs Jahrzehnte den Menschen außerhalb der Managementebene jegliche Selbständigkeit ausgetrieben haben. Die Aufgaben von Wissensarbeitern in Konzernen müssen eher als Maschinenarbeit denn als Kreativarbeit bezeichnet werden. Selbstorganisation erfordert jedoch ein immenses Maß an Eigenantrieb und strategischem Denkvermögen. Dazu kommt eine weitere Schwierigkeit: Vielen von uns gefällt die Komfortzone des sicheren Arbeitsplatzes ziemlich gut. Am liebsten würden wir reichlich mitmischen, aber bloß keine Konsequenzen mittragen.

Der New-Work-Narrativ hat einen blinden Fleck: Es träumt davon, von einem Extrem (strikte Anweisungen) ins andere (keinerlei Anweisungen) zu schwingen. Und dann wundern wir uns, dass Selbstorganisation nicht funktioniert und dass die Vorgesetzten an der Kontrolle festhalten und Verantwortung ungern übertragen. Immerhin sind sie für echte Resultate rechenschaftspflichtig, und oft hängt ihr Gehalt davon ab. Komplette Selbstorganisation klappt erst, wenn die Menschen dafür bereit sind.

Wie können wir also kompetente Fachleute so führen, dass sie operative und kreative Freiheit haben und die Resultate trotzdem erreicht werden? Wie kann vertrauensbasierte Führung im Gegensatz zum Command & Control-Führungsstil des Mikromanagements tatsächlich gelingen? Diese Fragen dienen dazu, die Selbstorganisation zu *kalibrieren*. Die Antwort darauf lautet: Führen über Leitplanken.

Eine elegante Methode namens *Tight-Loose-Tight*-Management (straff-locker-straff) kommt vom norwegischen Telekommunikationskonzern *Telenor* und seinem Geschäftsführer Sigve Brekke. Das vertrauensbasierte Führen der 19.000 Angestellten gelingt durch diese Methode viel besser.

1. **Straff**: Bei der Zielsetzung muss die Führungskraft klarstellen, welches ihre Erwartungen sind, und festlegen, was der Angestellte erreichen soll.
2. **Locker**: Das *Wie* der Durchführung ist offen, um dem Mitarbeitenden die Freiheit und die Ermächtigung zu geben, den besten Weg zum Erreichen der Ziele zu finden. Hier kommen seine Fachexpertise, seine Vernetzung und seine Kreativität zur Geltung, die bei Mikromanagement komplett auf der Strecke bleiben würden.
3. **Straff**: Die Nachverfolgung ist dann wieder straff, um sicherzustellen, dass der Angestellte Ziele erreicht hat, die für das Projekt und die Firma von Nutzen sind.

„Unsere Tochterfirma in Finnland hat diese Flexibilität seit vielen Jahren", sagt Brekke. Im Jahr 2020 verzeichnete der *Telenor*-Konzern einen enormen Produktivitätsschub, der mit der Freiheit der Mitarbeiter verbunden ist, zu wählen, wie sie arbeiten. Vier Erfolge kann er schon jetzt eindeutig feststellen:

1. Die Unternehmensstruktur wird adaptiver.
2. Die Organisation wird flacher und schlanker.
3. Die Entscheidungen werden beschleunigt.
4. Die Effizienz nimmt zu.

Von den Skandinaviern können wir bei Führung und Bindung von Talenten lernen. Alle fünf skandinavischen Länder befinden sich unter den ersten zehn Plätzen im IMD World Talent Ranking 2021, der Auflistung der Länder mit dem besten Zugang zu Top-Talenten.

Fazit: Der Chef als Ansager und Aufpasser ist ein Auslaufmodell. Gib Menschen Spielraum, und sie werden dich in Staunen versetzen. Doch

Vorsicht! Der Teufel steckt im Detail. Nicht jede Führungskraft kann direkt die Durchführung an die Mitarbeiter abgeben. Daher kombiniert man die Tight-Loose-Tight-Methode am besten mit dem Schwungrad für Transformation. Das ist eine ganz einfache Herangehensweise, um einen Angestellten zu entwickeln. Schließlich wissen wir am Projektstart oft nicht, wie eine Person im neuen Umfeld reagiert und ob unser Gefühl stimmt. Statt einfach pauschal alle Verantwortung (zum Beispiel Entscheidungskompetenz oder Budget) zu übertragen, wird diese in kleine Einheiten unterteilt und „häppchenweise" auf die Person übertragen. Ist sie bereits mit dem ersten Häppchen überfordert, kann man eine Schlussfolgerung ziehen – etwa, dass die Person ungeeignet ist oder erst einmal eine Schulung braucht. Schlägt sie sich gut, kann man risikoarm weitere Häppchen übertragen. Der Mitarbeiter wächst organisch mit den Verantwortungs-Häppchen. Die Durchführung erfolgt zwar kontrolliert, aber mit dem Spielraum, der frische Lösungen möglich macht. Win-Win. Aber nochmal Achtung: Wenn man zu lange wartet mit den jeweils nächsten „Häppchen", stirbt die Magie des Neuen. Nichts motiviert so sehr wie schnelle Erfolge. Also nicht zu viele Bremsen anbringen am Schwungrad.

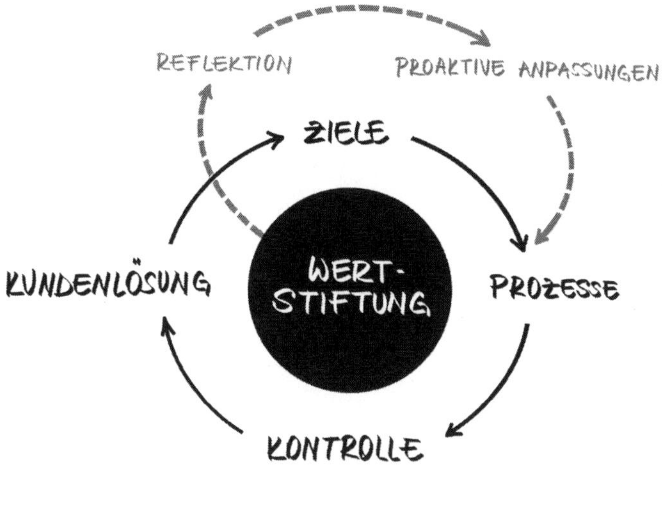

Abbildung 15: Das Schwungrad für gelungene Transformation

FORSCHER: Reflektierter Wissenschaftler

Viele kennen den Aktionismus, der auf langes Nichtstun folgt. Pompöse Projekte sollen in kurzer Zeit wettmachen, was über Jahre verschlafen wurde. Diese Alibi-Transformation bremst die Weiterentwicklung der Firma noch weiter, denn die hastig zusammengestöpselten Lösungen ohne Fundament müssen irgendwann rückabgewickelt werden. Das frustriert die letzten Könner im Unternehmen und kostet massig Geld.

Typisch für Wissenschaftler und Forscher ist es, die Dinge vom Ende her zu denken. Die Forscher-Typen fragen sich: Wenn wir das jetzt so machen, ist das dann perspektivisch auch noch in Ordnung? Das steht häufig in einem starken Kontrast zum kurzfristigen Aktionismus.

Ebenfalls typisch für Forscher ist, dass sie stets ganz bewusst die Möglichkeit einkalkulieren, mit einer Hypothese oder einem ausprobierten Weg falsch zu liegen. Für sie ist auch das ein wichtiges Ergebnis mit Erkenntniswert. Sie können danach eine Möglichkeit ausschließen und schnell aus dem Fehlversuch lernen, um Fortschritte in die richtige Richtung zu machen. Der Journalist Gabor Steingart würde sagen: „Das ist jemand, der berührbar ist durch die Fakten, aber nicht empfänglich ist für die Winkelzüge der politischen Taktik.“ Und dem Forscher bricht auch kein Zacken aus der Krone, wenn er nicht der Schöpfer einer Initiative ist. Bei den sturen “Wissenden Helden” (Harald Schirmer) hingegen zählen nur das Gewinnen und die Profilierung: *„My way or the highway”.* Sie sind laut und versuchen ihre Meinung durchzusetzen. Mit der Möglichkeit, falsch zu liegen, kalkulieren sie gar nicht – und wenn sie es doch tun, hinterlassen sie meist verbrannte Erde.

Wenn strategische Beschlüsse anstehen, sind Forscher (oft dem ersten Eindruck widersprechend) keine Bedenkenträger aus Prinzip, sondern Fragende auf der Suche nach der Sinnhaftigkeit einer Entscheidung. Sie denken in Optionen statt in Mustern und haben Vorstellungskraft. Sie zeigen Wissensdurst statt Machthunger. Ihre Offenheit bedeutet hier vor allem Unvoreingenommenheit. Sie praktizieren konvergentes Denken, also die Fähigkeit, aus vielen Daten und Handlungsmöglichkeiten eine genaue Lösung zu formulieren. Dabei halten sie es mit dem Mathematiker und Philosophen Alfred North Whitehead: „Das Leitmotto im Leben eines jeden Naturphilosophen sollte lauten: Suche nach Einfachheit und misstraue ihr."

Nicht alle von Forschern vorgebrachten Argumente sind Einwände. Aber wenn sie Einwände formulieren, legen sie damit meist unbeabsichtigte Folgen einer Entscheidung und/oder Verbesserungsmöglichkeiten dar. Forscher fühlen sich verantwortlich, in solchen Fällen ihre Stimme zu erheben, ohne karrieretaktische Rücksichten zu nehmen. Sie identifizieren Bauchentscheidungen in der oberen Ebene und fordern eine datengetriebene, ergebnisoffene Arbeitsweise ein.

Weil Forscher nicht aus dem Bauch heraus entscheiden und stets bereit sind, sich selbst und andere in Frage zu stellen, reagieren Machtmenschen meist mit Ungeduld und mit Abwehr – sie spüren, dass da jemand fundierter denkt und arbeitet als sie selbst, was ihren Status bedroht.

Eine lebendige und offene Debattenkultur ist Forschern mindestens ebenso wichtig wie Aktivisten. Doch warum ist Debattieren wichtig? „Innovation ist der Wettbewerb von Ideen", sagt Christian Sewing, Vorstandschef der Deutschen Bank und einst Wirtschaftsberater von Helmut Kohl. Eine Debatte ist ein Tanz. Dieser ermöglicht das Entstehen eines geschliffenen Konzepts statt einer schlechten Entscheidung kraft Amtes. Debatten ermöglichen das Aufspüren von Schwachstellen – sowohl bei Produkten und Konzepten als auch in der eigenen Arbeitsweise.

In den USA gibt es – trotz der immer bedrohlicheren Spaltung der Gesellschaft – die Tradition einer gesunden Debattenkultur. In der High School sind die Debattierclubs ein wesentlicher Teil des College-Lebens. Dort lernen Jugendliche und junge Erwachsene in den USA etwas, das bei uns meist unterentwickelt bleibt: Man muss am Ende nicht derselben Meinung sein, aber den Gedankengang des Anderen sollte man nachvollziehen. Und: Man muss nicht immer Recht haben.

In einer Sitzung der Rogers-Kommission kritisierte der zu Beginn des Buchs erwähnte Richard P. Feynman offen die Art, in der gearbeitet wurde. Er hinterfragte die Methodik der eigenen Kollegen. Allerdings tat er es ausgesprochen elegant und stieß damit niemanden vor den Kopf.

Zuerst holte er sich geschickt bei den richtigen Leuten die Schlüsselinformationen für seine Argumentation. Dann demonstrierte er mit einem simplen Experiment die Tatsachen, die bis dahin stets verschleiert worden waren. Er demonstrierte vor aller Augen, dass sich die sogenannte O-Ring-Dichtung bei bestimmten Temperaturen tatsächlich verformte und nicht mehr zuverlässig abdichtete. Die besten Pioniere sind unaufgeregte Investigatoren, die beharrlich die Wahrheit suchen und dabei weder unterwürfig noch auftrumpfend agieren. So durchdringen sie geduldig die Abwehr der Unwilligen. Pioniere rechnen mit Bremsern und Blockierern. Sie bereiten sich fachlich und emotional auf sie vor und begegnen ihnen faktensicher und mit geschärften Argumenten.

Der uninspirierte Schwarzmaler, der ausschließlich mit der linken Gehirnhälfte denkt, antwortet auf Kritik gern: „Es ist nun mal kein Wunschkonzert.“ Der kritischer Forscher fragt hingegen ganz nüchtern: „Wie viele Top-Talente und wie viel Wettbewerbsfähigkeit ist es uns wert, dass unsere Bürokratie so dominant ist?”

Employee Experience steigern mit Priceline’s Jeff-Hoffman-Methode

Jeff Hoffmann, der frühere Geschäftsführer des Rabatt- und Reiseportals *Priceline*, fand eines Tages einen leeren Outlook-Kalender vor. Er war überzeugt, dass Outlook defekt war. Doch seine Assistentin sagte, er hätte an dem Tag keine Termine. Also schaute er bei seinen Software-Ingenieuren vorbei. Diese sagten, sie steckten mitten im Code-Review. “Bitte lass uns alleine Jeff.” Im nächsten Zimmer lief eine Strategie-Sitzung. Die anwesenden baten ihn, später zurückzukommen. In der Finanzabteilung angekommen sagte der CFO: “Wenn ich dir diese Dokumente zeigen würde, würdest du eh nichts verstehen. Du bremst uns aus.” Hoffman sammelte an diesem Tag zwei Erkenntnisse zur stärke seiner Firma. Erstens, dass es fähigen Menschen erlaubt ist ihre Arbeitsabläufe selbst zu gestalten. Zweitens, dass Teams in der Lage sind ihrem Chef zu sagen, “Du bremst uns aus.”

Hoffman hat es sich zur Aufgabe gemacht, eine Arbeitsumgebung mit Rahmenbedingungen zu schaffen, in denen Mitarbeitende gerne arbeiten. Laut Hoffman war das der stärkste Erfolgsfaktor für seine Firma.

Zur Analyse von Faktoren, welche die Arbeitszufriedenheit und damit die Innovationskraft behindern, verwendete er eine unschlagbar simple Methode, die hier kurzerhand *Jeff-Hoffman-Methode* genannt werden soll: Nimm ein Blatt Papier oder ein Tablet und male eine simple Tabelle mit zwei Spalten. Die linke Spalte bekommt die Überschrift „Was mich ermuntert." Über der rechten Spalte steht: „Was mich behindert".

Auf der rechten Seite steht das, was uns motiviert. Das sind die Dinge, die uns veranlassen, abends zum Partner zu sagen, wie gerne wir bei unserer Firma arbeiten. Stell dir die Frage: Welche Aspekte begeistern mich so sehr, dass ich bei der Arbeit über mich hinauswachse? Etwa die Hilfsbereitschaft eines Kollegen. Oder die Unterstützung und Flexibilität der Personalabteilung im Krankheitsfall. All diese Faktoren gehören verstärkt – und zwar mit ordentlich Ressourcen. Das schafft einen echten Unterschied bei den Arbeitsbedingungen und bei der Arbeitgebermarke.

Jetzt schreibst du in die linke Spalte all die Faktoren, die dich richtig nerven. Stell dir diese Frage: Welche Dinge behindern, belasten und frustrieren mich täglich? Beispiele wären ein respektloser Umgang im Kollegenkreis oder eine veraltete IT-Infrastruktur, die Arbeit eher behindert als unterstützt.

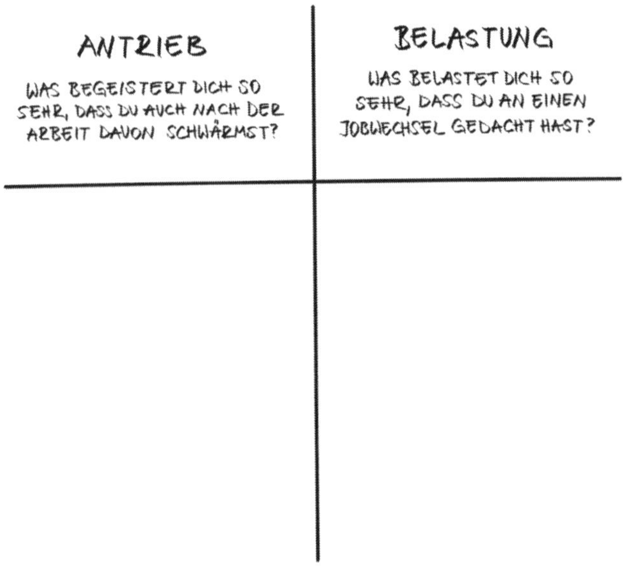

Abbildung 16: Die Jeff-Hoffman-Methode

Es ist äußerst wichtig, den Schmerz und die Frustration klar anzusprechen, statt sie schönzureden. Zur Not muss diese Übung anonymisiert ablaufen. Qualifizierende Fragen können dabei helfen, zum Beispiel: „Was hat dich in den letzten drei Monaten so sehr frustriert, dass du schon manchmal überlegt hast, deshalb zu kündigen?" Und dann gilt es, alles zu tun, damit diese Motivations- und Innovationsbarrieren abgebaut werden.

AKTIVIST: Belastbarer Kämpfer

Während des Trainings der US-Elite-Einheit *Navy Seals* stellen die Ausbilder die Truppe mehrmals pro Woche für eine außerordentlich strenge Uniform-Inspektion auf, berichtet Admiral William H. McRaven. Der Hut muss perfekt gestärkt, die Uniform makellos gebügelt sein, und die Gürtelschnalle muss glänzen. Doch es scheint, als sei das Resultat nie gut genug, egal, wieviel Mühe man sich gegeben hat. Die Ausbilder finden immer einen Fehler. Ein Rekrut, der durch die Inspektion fällt, muss in vollständiger Uniform ins Wasser laufen. Nass von Kopf bis Fuß muss er sich anschließend im Sand wälzen, bis jeder Teil seines Körpers mit Sand bedeckt ist. Das Endergebnis nennen sie Zuckerkeks. Der Rekrut muss den Rest des Tages in der kalten, nassen und sandigen Uniform verbringen.

Es gibt viele Rekruten, die es einfach nicht akzeptieren können, dass all ihre Bemühungen umsonst waren und ihre Anstrengung nicht gewürdigt wird. Manche zeigen starke emotionale Reaktionen. Diese Rekruten schaffen es nicht durch das Training. Denn sie haben den Zweck der Übung nicht verstanden. Der Zweck der Übung ist das Training der emotionalen Widerstandskraft. Die Uniform kann gar nicht perfekt sitzen. Die Ausbilder lassen das nicht zu. Die Frage ist: Wie reagiert ein Rekrut auf den wiederholten Misserfolg und das stundenlange Gefühl tiefer Ungerechtigkeit, mit dem er in echten Einsätzen ohne Zweifel umgehen können muss?

Das ist eine harte, aber wertvolle Lektion für alle, in deren Welt plötzliche, unberechenbare Veränderungen alles auf den Kopf stellen können, die also Volatilität aushalten müssen. Dafür braucht es Frustrationstoleranz; sie zu trainieren ist schwierig. Menschen mit Volatilitätstoleranz übernehmen Verantwortung, stehen unbeeindruckt von Enttäuschungen wieder auf und machen weiter. Vielleicht wäre es gut, nicht nur Eliteeinheiten, sondern alle Menschen in ihrer Fähigkeit zum Umgang mit psychischem und emotionalem Druck zu prüfen und zu trainieren und sie für den Umgang mit Frustrationen und Konflikten zu schulen. Dafür kann vielleicht darauf verzichten, allen jungen Menschen das Ableiten von Gleichungen einzubläuen, als würden sie später alle Mathematiker oder Volkswirtschaftler.

Schaue dir zur Vertiefung das folgende Video auf Youtube an: Admiral McRaven Leaves the Audience SPEECHLESS | One of the Best Motivational Speeches (Englisch)[9]

Denken wir noch einmal an den Kontrollfreak, der alles nach seinem (!) Plan macht. Wenn maximal Mittelmaß dabei herauskommt, nimmt er

9 https://youtu.be/TBuIGBCF9jc

das in Kauf – Hauptsache, alles läuft kontrolliert und ohne Aufregung ab. Doch läuft einmal etwas falsch, rastet er aus. Eine Teamleiterin eines Kunden bat mich vor kurzem um ein vertrauliches Gespräch. Einige Vorgesetzte würden cholerisch mit ihr und anderen, vor allem weiblichen Angestellten, umgehen. Ich staunte nicht schlecht, als sie mich, den externen Berater, darum bat, die Verbindung zur Personalchefin herzustellen. Ihr fehlte der Kommunikationskanal, um dies intern zu melden. Direktes Feedback war unmöglich, und den Missstand öffentlich anzuprangern, war keine Option für sie, da sie einen Bruch in der Zusammenarbeit befürchtete. Das Beispiel zeigt: Besonders belastend für die Entwicklung eines Unternehmens sind solche Angestellten und Vorgesetzten, die ihr Gemüt nicht trainiert haben. Sie sind schnell gereizt, wenn eine Planänderung oder ein Kontrollverlust sie einengt. Sie rutschen beim kleinsten Trigger in die Panikzone. Sie lassen geringfügige Probleme zu großen Desastern heranwachsen. Wie du möglicherweise schon am eigenen Leibe miterleben konntest, kann dieser Mangel an Gelassenheit der Energie im Team so stark schaden, dass Top-Talente kündigen.

Im Gegensatz dazu steht Monique stellvertretend für den Archetypen des Aktivisten, denn sie zeigt Mut, wo sich andere aus Bequemlichkeit und Konfliktscheu wegducken. Rufen wir uns noch einmal die drei von Richard P. Feynman genannten Hürden ins Gedächtnis, die uns den Weg zum positiven Wandel verstellen. In der Regel fehlen:

- Erstens die **selbstkritische** Betrachtung: Institutionelle Missstände könnten in der eigenen Organisation existieren.
- Zweitens die **Bereitschaft,** solche Missstände aufzudecken, eindeutig zu benennen und anzuerkennen, um aus ihnen lernen zu können
- Drittens die Erkenntnis, die Maßnahmen zur Behebung der Missstände **umzusetzen**, damit sich eine Besserung einstellt.

Es braucht Menschen, die mutig genau diese Schritte einleiten, und zwar gegen die Widerstände der etablierten Arbeitsweisen. Aktivisten wie Monique sind Handlungsbereit. Sie schlagen einen Keil in toxische Arbeitsweisen und lähmende Automatismen. Sie lassen sich nicht vertrösten. Sie fordern Rechenschaft für negatives Verhalten. Sie halten die Reformdebatte am Leben und zwingen die Passiven zur Beteiligung. Aktivismus bedeutet, dass öffentlicher Druck entsteht. In der Politik wird öffentlicher Druck als Teil einer gesunden Demokratie gesehen. Und er gehört auch in wirtschaftliche Organisationen. Tatsächlich hat die Bezeichnung „Aktivist" im deutschen Sprachgebrauch fast immer eine politische Bedeutung. In unserem Kompetenzmodell steht „Aktivist" aber allgemein für jemanden, der Veränderungen mit Mut und Nachdruck voranbringt.

Mut bedeutet aber auch, etwas zu wagen, von dem man nicht weiß, ob es funktioniert. Wie handle ich zum Beispiel, wenn ich etwas für richtig und notwendig halte, den Segen von oben aber nicht bekomme? Wenn ich es ohne grünes Licht vom Chef weitermache, übergehe ich die existierende Hierarchie, aber löse möglicherweise das Problem im Interesse der Firma. Auch wenn ich ein perfektes Resultat präsentiere, bekomme ich trotzdem Probleme wegen meines Alleingangs. Und wenn mir auch nur der geringste Fehler passiert (und es lässt sich immer einer finden, wenn man will), kann ich meine Karriere vergessen. Wer setzt sich da noch für die Zukunft der Firma ein? Werde ich von der Angst überwältigt oder handle ich? Und da sind wir bei genau der Eigenschaft, die bei den Navy Seals trainiert werden soll: Selbstkontrolle auch im Angesicht scheinbar auswegloser Situationen. Und Mut. Statt sich dem Alarmismus oder der Resignation zu ergeben, fragt ein Pionier, was er im Hier und Jetzt tun kann. Pioniere setzen auf kühl kalkulierende „Realpolitik" statt auf Dominanz oder Polarisierung.

Aktivisten haben den Mut, für „das Richtige" zu kämpfen. Sei es, weil sie das Selbstbewusstsein haben, im schlimmsten Fall einfach einen neuen Job zu finden. Ihnen ist dann, ähnlich wie dem Gestalter, der Beitrag, den sie für das Kernziel leisten, wichtiger als die Sicherheit. Oder sei es, weil sie soziales Kapital angehäuft haben, das die Chefs bei Eigenmächtigkeiten ein Auge zudrücken lässt. Aktivisten sind außerdem Stehaufmännchen, die sich nach einer Enttäuschung zügig aufraffen können. Siehst du die Parallele zu Unternehmern? Sie bleiben dran und nutzen Rückschläge, um mit einer „Jetzt-erst-recht"-Mentalität durchzustarten, statt sich geschlagen zu geben und am Wegesrand zurückzubleiben. Um es mit den Worten von Friedrich Nietzsche zu sagen: „Ich schätze die Macht eines Willens danach, wie viel von Widerstand, Schmerz, Tortur er aushält und sich zum Vorteil umzuwandeln weiß."

Erinnerst du dich an Moniques Frust über halbgare Beschlüsse? Monique ist eine Aktivistin, weil sie auch dann noch Fragen stellt, wenn alle anderen mit einem Blick auf die Uhr meinen, es sei doch alles geklärt. Sie hat den Mut, um der Sache willen ihre professionelle Meinung zu äußern, wenn andere aus Passivität oder Egoismus schweigen. „Besonders viel Mut verlangt es, sich dann einzubringen, wenn man das aus seiner Hierarchieebene heraus nicht darf, aber spürt, dass die eigene Expertise die der Chefs übersteigt. Genau dann ist es aber auch entscheidend für die Zukunft der Organisation", sagt Monique. Sie geht gekonnt mit Spannungen um. Die Methode, auf die sie dabei vertraut, *Kind Confidence*, stellen wir in Teil 3 vor. Kurz gesagt hilft sie dabei, elegant zu kommunizieren, so dass das Gegenüber sich nicht angegriffen fühlt.

Verbindlichkeit ist keine Einbahnstraße

Klassische Führung beruht auf der Idee, dass die „Oberen" die „Unteren" kontrollieren. Das bedeutet auch, dass „die Unten" kontrollbedürftig sind (*Theory X* von Douglas McGregor). Vor allem in der digitalen Transformation kristallisiert sich immer mehr heraus, dass „die Oben" ihren Aufgaben nicht konsequent nachkommen. Ein zentrales Element beim Gestalten eines Veränderungsprozesses ist aber das konsequente Umsetzen eines Vorhabens. Wer hier schludert, verspielt das Vertrauen und den Durchhaltewillen seiner Angestellten. Damit Transformation gelingt, müssen wir deshalb eine Rechenschaftspflicht in beide Richtungen installieren. Mittels *Social Contracts*, also Vereinbarungen, die für alle gelten, muss eine Verbindlichkeit von unten nach oben und von oben nach unten eingeführt werden. Das klingt erstmal nach mehr Verwaltung statt weniger. Aber die Vorstellung, dass die neue Arbeitswelt möglichst frei von Regeln sein soll, ist falsch. Wir dürfen Command & Control nicht ersetzen, indem wir das Gegenteil zum Selbstzweck erklären.

Die neue Arbeitswelt baut *unnötige* Regeln, Machtgehabe und bürokratische Hürden ab. *Sinnvolle* Regeln jedoch – vor allem die, die das angestrebte Verhalten einfordern – brauchen wir weiterhin. Manche Manager pflegen immer noch den Irrglauben, in der agilen Organisation dürften alle alles, und lehnen den Ansatz deshalb grundsätzlich ab. Aber wir akzeptieren in allen Lebenslagen den kulturschaffenden Ansatz von Verbindlichkeit und Konsequenz: Wer falsch parkt, bekommt einen Strafzettel vom Ordnungsamt. Aber auch die Politiker und Behörden sind rechenschaftspflichtig und kontrollierbar. Die Regeln sind klar, und nur deshalb kann aus dem Chaos Kultur erwachsen.

Mit Verbindlichkeiten für die bisher weitgehend unantastbaren Vorgesetzten befreien wir uns aus der Alibi-Transformation und schaffen neues Vertrauen in Veränderungsprozesse. Auf dieser Grundlage kann die Eigeninitiative entstehen, die wir für den Wandel benötigen.

Der Knackpunkt: Von selbst geschieht diese Änderung der Arbeitslogik nicht. Genau das ist der Punkt, an dem die meisten Firmen mit ihrer Transformation scheitern: Es fehlt an Konsequenz und Disziplin. Es gibt niemanden, der am schwierigsten Punkt die Veränderung mutig thematisiert, kreativ gestaltet und vehement einfordert.

Wie bereits gezeigt, ist die Beharrungskraft der alten Hierarchien und Machtstrukturen erheblich.

Der ehemalige BDI-Präsident Heinrich Weiss spricht von „Zukunftsvernachlässigung." Und motivierte Angestellte im agilen Mindset fragen sich: Wofür soll ich mir den Kampf geben? Diesen Mitarbeitern ist nichts vorzuwerfen. Was es braucht, ist eine Struktur, die ihre Kompetenz anerkennt, nutzt und belohnt.

Das Pionier-Kompetenzmodell

Die folgende Methode habe ich im Rahmen meiner Tätigkeit als Change-Berater entwickelt und durch bisher 135 Experteninterviews mit ausgewählten Führungskräften (Tesla, Swiss, Microsoft, uvm.), sowie Verhaltensökonomen validiert, bevor ich sie in der Praxis erprobt habe. Das Echo ist ermutigend. „Ich kann mich kategorisieren und verstehen, welche Attribute mich ausmachen. Das hilft mir zu erkennen, wo ich Mehrwert stiften kann", sagte mir zum Beispiel eine Führungskraft in einem mittelständischen Betrieb in Rostock. Nun kannst auch du von diesem Werkzeug profitieren, um deine Kompetenzen als Pionier zu bestimmen und zu entwickeln.

Wofür ist das Kompetenzmodell gut?

1. Standortbestimmung: Erkenntnis, wo deine Stärken als Pionier liegen
2. Kompetenzentwicklung: Grundlage zur Entwicklung deiner Kompetenzen

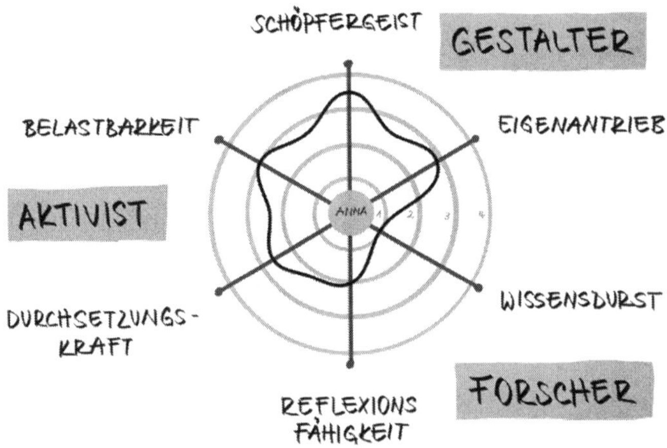

Abbildung 17: Die Ausprägung des Pionier Profils von Leserin Anna P.

Das Verfahren basiert auf Selbsteinschätzung. Du findest das Modell dafür auf der nächsten Seite. Die 24 Felder unterteilen sich in sechs Zeilen, je eine Zeile pro Attribut. In vier Abstufungen kannst du die Ausprägung jedes Attributs für dich selbst bestimmen, indem du dich für das Feld mit den am ehesten zutreffenden Aussagen entscheidest. Hier setzt du eine Markierung.

Pionier-Kompetenzmodell

Pionier-Archetypen	Ausprägung / Attribute	1	2	3	4
Archetyp 1: GESTALTER	Schöpfergeist	Diese Verrückten wollen immer etwas neues machen, dabei haben wir eh schon genug zu tun. Brainstorming ist für mich eine Zeitverschwendung und Belastung. Bei meinem Herzensthema bringe ich mich ein, ansonsten sollen andere die Denkarbeit machen.	Wenn mich etwas wirklich stört, packe ich es an und mache es neu. Leider bremsen mich die Vorschriften oder der Alltagstrott beim Gestalten. Wenn andere mitmachen, fällt es mir leichter meine Energie für etwas Neues einzubringen.	Während andere reden mache ich mich ans Ausprobieren. Ich entwickle selbständig neue Herangehensweisen, auch wenn es mit Aufwand verbunden ist. Während andere sich den Kopf zerbrechen erschließt sich mir häufig in kürzester Zeit ein Lösungsansatz.	Ich warte nicht auf Trends, ich starte sie. Ich tüftle ununterbrochen an neuen Lösungen, die der bisherige Prozess nicht kennt. Ich nehme mir Zeit, Neues zu entwickeln und umzusetzen, egal wie viel gerade zu tun ist.
	Eigenantrieb	Die Vorgaben meiner Vorgesetzten zu erfüllen ist am sichersten. Ich mache das Nötigste, um fertig zu werden, damit bin ich zufrieden. Mit den richtigen Argumenten bekommt man mich dazu, bei etwas mitzuwirken.	Unter Zeitdruck oder bei drohenden Konsequenzen bringe ich mehr zustande. Mit etwas Vorarbeit oder einer Schablone fällt mir der Einstieg leichter. Ich gehe gern auf Nummer sicher und frage meistens nochmal nach, bevor ich etwas entscheide.	Ich bringe Projekte zu Ende, weil ich das möchte, nicht weil ich es soll. Ich wachse über mich hinaus, um meinen Verantwortungsbereich voran zu bringen. Viele Entscheidungen treffe ich selbstbewusst und selbständig.	Ich baue Wege die es bisher nicht gibt und das gibt mir Energie auch wenn es andere stört. Ich nehme die meisten Aufgaben lieber selbst in die Hand, damit es vorangeht. Ich warte nicht darauf, dass die Zeichen günstig stehen, sonst kämen wir nie vom Fleck.
Archetyp 2: FORSCHER	Wissensdurst	Weiterbildungs-Seminare halten mich von der Arbeit ab. Ich weiß praktisch alles was ich wissen muss. Unterhaltungen über neue Innovationen klingen für mich häufig abgehoben und unrealistisch.	Neues zu lernen ist mir wichtig. Ich stelle es allerdings hinter anderen Prioritäten zurück. Hin und wieder reizt es mich nachzusehen, was es in meinem Fachgebiet Neues gibt. Auf der firmeneigenen Lernplattform habe ich die Pflichtmodule absolviert. Für mehr hab ich keine Zeit.	Ich lerne regelmäßig etwas dazu, über mein Fach hinaus, und kann auch bei mir völlig fremden Themen geduldig zuhören. Mir reicht es nicht nur an der Oberfläche zu kratzen, ich möchte ein Thema verstehen. Andere staunen, wenn ich mühelos mein Wissen aus einem Fach auf ein anderes übertrage.	Ich präge den Kenntnisstand der Firma in meinem Fach. Unter meinen Kollegen bin ich dafür bekannt, neue Erkenntnisse und Trends zuerst zu kennen. Ich suche ständig nach Wegen, wie andere aus meinem Wissen Wert schöpfen können, statt es zu horten.
	Reflexions-fähigkeit	Ich weiß für gewöhnlich am besten was funktioniert und was nicht. Wenn andere meine Arbeit kritisieren, trifft es mich häufig persönlich. So wie ich Dinge immer gemacht habe ist es richtig.	Es gibt sicherlich Verbesserungspotenzial aber unsere Methoden funktionieren gut genug. Manchmal erkenne ich Fehler, die ich gemacht habe, spreche sie aber lieber nicht an. Ich mache mir ab und zu Gedanken darüber, wie ich meine Arbeit etwas besser machen könnte.	Ich versuche konstant, meine Arbeitsweise und den Umgang mit anderen zu verbessern. Eigene Fehler helfen mir dabei, besser zu werden, daher gebe ich sie offen zu. Hinweise auf Fehler von mir nehme ich immer als Lernmöglichkeit an.	Andere Menschen schätzen mich für meine ehrliche Aufgeschlossenheit für neue Wege und Sichtweisen. Ich habe eine Praxis samt Dokumentation um täglich aus meinen Fehlern zu lernen. Ich ermutige andere, meine Herangehensweise in allen Lebenslagen jederzeit zu hinterfragen.
Archetyp 3: AKTIVIST	Durch-setzungs-kraft	Ich vermeide Konflikte, denn Harmonie ist für mich das Wichtigste. Ich zettle nicht aus Ideologie einen Sturm im Wasserglas an. Auch sinnlose Vorschläge kritisiere ich lieber nicht.	In bestimmten Fällen erledige ich das Unangenehme zuerst. Bei bestimmten Themen versuche ich mich für die Sache einzusetzen. Wenn ich andere auf meiner Seite sehe, bin ich dazu bereit, eine Sache zu unterstützen. Aber bei dominanten "Gegnern" gebe ich lieber nach.	Debatten sind wichtig, also beteilige ich mich auch dann, wenn sie mir einiges abverlangen. Um meine Wünsche und Vorstellungen zu verteidigen, hake ich auch mal nach. Wenn mich jemand zurechtweist, weiß ich mich gewöhnlich zu verteidigen.	Für meine Ideale und Überzeugungen setze ich mich ehrgeizig ein, auch gegen Vorgesetzte. Debattieren fällt mir leicht. Ich kann auch bei verbalen Angriffen mit Gegenargumenten kontern. Es fühlt sich machbar an, neue Ideen auch gegen Widerstände umzusetzen.
	Belastbarkeit	Den derzeitigen Alltag zu bestreiten lastet mich voll aus. Eine Bahnfahrt mit zwei knappen Umstiegen setzt mich schon vor der Fahrt unter Stress. Wenn ich ausgelastet oder genervt bin, ist die Zündschnur kurz. Dann sollte mich am besten jeder meiden.	Neue Abläufe, Werkzeuge oder Vorgaben werfen mich manchmal aus der Bahn. Wenn zu viel auf einmal auf mich zukommt, muss ich früh nach Hilfe fragen, oder ich schalte ab. Auch wenn ich gestresst bin, schaffe ich es, anderen gegenüber nicht schnippisch zu werden.	Wenn viel auf einmal auf mich zukommt, nehme ich mir die Zeit, um Perspektive und Klarheit zu schaffen. Ich bin tendenziell derjenige, der in heißen Phasen einen kühlen Kopf bewahrt. Ich fühle mich durch Kritik selten persönlich angegriffen.	Auch unter einem enormen Zeitdruck behalte ich ein klares Bild von meinem Ziel. Wenn Kollegen etwas zur Deadline erledigt brauchen, fragen sie meistens mich. Ich habe eine Erfolgsbilanz ausgezeichneter Resultate unter Stress.

60 — 70 — 90 — 110 — 130 — 140

Praktische Beispiele des Kompetenzmodells

Selbsteinschätzung Michael

Michael leitet eine hochdigitalisierte Firma für Nahrungsergänzungsmittel. Er hat das Pionier-Kompetenzmodell verwendet, um sich und seine Stärken im Bezug auf Unternehmensentwicklung besser kennenzulernen. Hier findest du seine qualitativen und quantitativen Ergebnisse zu den sechs Pionier-Attributen.

Schöpfergeist: Michael liebt neue Sachen. Er will die Welt wirklich voranbringen und nicht nur Vorhandenes verbessern. Er steckt mit dem Kopf in der Zukunft. Er schätzt sich hier sehr hoch ein, in der Mitte des vierten Kastens, also eine 4.

Eigeninitiative: Michael macht Dinge gerne selbst. Er vertraut den eigenen Fähigkeiten am meisten. Sein Feind ist die Aussage „Das sollten wir irgendwann mal machen." Auch hier sieht er eine sehr hohe Ausprägung. Wieder eine 4.

Wissbegierde: Für Michael ist die Wahrheit nicht gesetzt. Er sagt: „Ich kann aber auch nicht alles lernen, sonst bekomm ich nichts erledigt." Er empfindet sein Attribut als nicht überdurchschnittlich, also positioniert er sich mittig, bei 2.5.

Reflexionsfähigkeit: Michael findet, dass er sich bisweilen schon selbst hinterfragt. Dennoch hat er im Umgang mit anderen eine starke Meinung. Er ist nicht immer flexibel bei der Revision seiner Ansichten. Auch hier stuft er sich mittig auf der Skala ein, bei 2.5.

Durchsetzungskraft: Michaels Kampfgeist hängt komplett vom Thema (und Kontext) ab. Harmonie ist ihm besonders wichtig. Diskussionen belasten ihn eher. Er findet sich hier eher unterdurchschnittlich und gibt sich eine 1.5.

Belastbarkeit: Michael besitzt innere Ruhe. Er hasst es, unter Druck zu arbeiten. Aber er braucht Druck manchmal, um etwas zu erledigen. Er hat früher zu allem ja gesagt und nachgegeben. Damals wäre er sicherlich am linken Ende der Skala gewesen, doch er findet, er habe sich hier bereits verbessert. Daher stuft er sich bei 1.5 ein.

Michaels dominanter Archetyp: Gestalter
Gestalter: 130
Forscher: 100
Aktivist: 80
Gesamt (abgerundet): 103

Fremdeinschätzung Romana

Romana arbeitet als Marketingleiterin in einer Kreativagentur. Sie hat einer Fremdeinschätzung durch ihren Chef zugestimmt. Hier findest du ihre qualitativen und quantitativen Ergebnisse zu den sechs Pionier-Attributen.

Schöpfergeist: Romana ist ein absoluter Trendsetter. Im Beruflichen wie im Privaten sieht sie sich als Betatester für neue Softwarelösungen und Hardware und teilt in Foren ihr Feedback. Hier ist sie klar eine 4.

Eigeninitiative: Trotz hoher Ausprägung beim Schöpfergeist ist Romana fremdgetrieben. Sie macht nicht die Sachen, die wichtig sind, sondern nur die, die überfällig oder dringend sind. „Du musst ihr Aufgaben geben und ihr in den Hintern treten“, sagt ihr Chef. Er gibt ihr eine 1.5.

Wissbegierde: Romana prüft ständig den Kenntnisstand zu allem, was sie weiß. Neue Forschungsergebnisse und Interpretationsangebote teilt sie mit ihrem Netzwerk. „Das ist wertvoll, denn es hält uns frisch“, sagt ihr Chef. Er stuft sie als 4 ein.

Reflexionsfähigkeit: Romana reagiert nicht immer gelassen und aufgeschlossen, wenn man ihr Feedback gibt. Da hat sie großes Entwicklungspotenzial. Sie wird mit 1 eingestuft.

Durchsetzungskraft: Romana vermag es, sich und ihre Ideen zu behaupten. Sie führt leidenschaftlich Diskussionen und kann andere gekonnt und mit guten Argumenten überzeugen. Hier erhält sie eine 3.

Belastbarkeit: Romana beeindruckt auch durch ihre Fähigkeit, auch bei hohem Druck einen kühlen Kopf zu bewahren. Sie ist die belastbarste Person in seinem Team, findet ihr Chef. Er stuft sie klar als 4 ein.

Romanas dominanter Archetyp: Aktivist
Gestalter: 105

Forscher: 100
Aktivist: 120
Gesamt (abgerundet): 108

Deine eigenen Pionier-Kompetenzen bestimmen

Nun bist du an der Reihe. Die Bearbeitung dauert 10-15 Minuten. Eine digitale Version des Kompetenzmodells und eine unausgefüllte Spinnengrafik zur Visualisierung der Ergebnisse findest du zum Download unter **www.alextsteffen.com/downloads**. So gehst du vor:

1. Führe eine Selbsteinschätzung zum Ist-Zustand deiner sechs Pionier-Attribute durch. Lies dir dabei die Beschreibungen in den Kästen durch und setze eine Markierung in den Kasten, dessen Beschreibung am ehesten für dich zutrifft. Denke dabei immer an dich in deiner Arbeitsumgebung. Du kannst deine Markierung innerhalb einer Box so setzen, dass deutlich wird, ob die genannte Ausprägung eher schwach (links) oder sehr stark (rechts) ist. Und ein Tipp von Michael: Nimm dein Ego raus, so gut es geht. Trau dich, schmerzhafte Selbstdiagnosen zu stellen. Damit steigt die Qualität deiner Selbsteinschätzung.
2. Anschließend verwendest du die Skala am unteren Ende, um einen Durchschnittswert für jeden Archetypen (zwischen 60 und 140 Punkten) zu bestimmen. Hier wird dann ersichtlich, welcher dein stärkster Archetyp ist.
3. Am Ende errechnest du noch einen Durchschnittswert aller sechs Attribute und erhältst so deinen persönlichen Pionier-Score.
4. Identifiziere danach für jeden Wert den gewünschten Soll-Zustand. Vorsicht: In kurzer Zeit Sprünge über mehr als 1,5 Felder schaffen zu wollen, ist unrealistisch.

5. Optional: Frage deine Teammitglieder nach ihrer Einschätzung deines Ist-Zustands, um sie mit deiner eigenen vergleichen zu können. Stell dir dabei die Frage: Wie würde mich mein Chef oder meine Schwester einschätzen?
6. Sobald du die Selbsteinschätzung gemacht und deine Ausprägung erhalten hast, frage dich: Willst du balanciert bleiben und deinen Score insgesamt verbessern? Oder möchtest du gezielt einen Archetyp verbessern?

Michael möchte am liebsten balanciert bleiben. Er schätzt seine Ausprägungen, wie sie sind, und nimmt die Selbsteinschätzung als Anstoß, seinen Pionier-Score in den kommenden zwölf Monaten insgesamt auf 115 zu heben.

Romana liebt ihre dominante Ausprägung der Aktivistin. Sie erkennt, dass sie ihren Einfluss weiter ausbauen kann, indem sie an den Attributen arbeitet. Das bedeutet nicht zwangsweise, kantiger aufzutreten, sondern ihre Durchsetzungskraft durch weiche Faktoren wie Kind Confidence zu polieren. So vergrößern sich ihre Erfolgschancen bei jeder Interaktion mit anderen. Mit den Attributen des Forschers ist Romana so zufrieden. Zusätzlich plant sie, die Attribute des Gestalters weiter auszubauen. Sie zielt selbstbewusst auf einen Pionier-Score von 125 Punkten im kommenden Jahr.

Ein paar Hinweise zum Kompetenzmodell und zur Interpretation deiner Ergebnisse:

Kein Archetyp ist schlicht besser als ein anderer. Es geht darum, ein Bild zu erhalten, wie stark welche Ausprägung bei dir ist. Darauf folgt fast immer eine Reflexion darüber, ob du in deinem Arbeitskontext bestimmte Fähigkeiten entwickeln oder stärker ausleben und gezielter einsetzen könntest.

Denk daran: Nicht jeder im Unternehmen muss ein Pionier sein. Doch um die Kraft eines Pioniers für das Team oder die Organisation verfügbar zu machen, sollte die jeweilige Ausprägung rechts der Mitte liegen, also über 100 Punkte. „Für mich ist der Pionier-Score ein Talent-Indikator. Eine Person mit einer hohen Ausprägung in diesen sechs Kompetenzen ist für unsere Firma sehr wertvoll und verdient eine angemessene Bezahlung“, sagt Katrin, Marketingdirektorin eines mittelständischen Automobilzulieferers. Das macht deutlich, wie wertvoll die Entwicklung und gegebenenfalls die Zertifizierung der Pionier-Kompetenzen für die eigene Karriere ist.

Zusammenfassung Kapitel 2.3

Es gibt – abhängig von der Persönlichkeit – drei Archetypen von Pionieren: den Gestalter, den Forscher und den Aktivisten.

Mit sechs „weichen“ Attributen treiben Pioniere die Veränderungsbereitschaft voran. Jeder kann diese Kompetenzen erlernen und die Transformation in seiner Firma beschleunigen. Denn Soft Skills sind die entscheidenden Faktoren für „Change“.

Den **Gestalter** zeichnen **Schöpfergeist** und **Eigenantrieb** aus.

Aber die Selbstorganisation als ideale Arbeitsform für Menschen mit starkem Eigenantrieb hat ihre Tücken - weil manche Mitarbeiter sich weder selbst organisieren können noch wollen. Nicht jeder wünscht sich mehr Verantwortung. Selbstorganisatin wird oft zu schnell und zu pauschal umgesetzt – oder nach Misserfolg gar nicht mehr.

Die Teilautonomie mittels der *Tight-Loose-Tight*-Methode gibt dort Verantwortung, wo es sinnvoll ist: in der Durchführung. In den Phasen der Zielformulierung und der Ergebniskontrolle hingegen ist straffe Führung sinnvoll und nötig.

Der **Forscher** agiert mit **Wissensdurst** und mit **Reflexionsfähigkeit**.

Statt in Aktionismus zu verfallen, denken Forscher die Dinge vom Ende her. Sie sprechen Probleme klar an und sind auf *trial and error* vorbereitet, statt immer Recht behalten zu wollen. Sie stellen auch sich selbst in Frage und entscheiden in der Sache statt aus dem Bauch. Sie suchen die Wahrheit – weder devot noch überlegen. Elementar für Forscher ist eine gute Debattenkultur, die ein Forum schafft für Fehlersuche und Verbesserung.

Die *Jeff-Hoffman-Methode* lädt dazu ein, sich motivierende und frustrierende Faktoren zu vergegenwärtigen. Wenn man das Motivierende stärkt und das Frustrierende abstellt, bringt man sein Unternehmen voran. Diese Maßnahmen lohnen hohen Ressourceneinsatz.

Der **Aktivist** vereint **Durchsetzungskraft** und eine hohe **Belastbarkeit** auch in Stresssituationen. Pioniere brauchen Frustrations- und Volatilitätstoleranz. Als Mitarbeiter und vor allem als Führungskräfte müssen sie ihre Emotionen stets im Griff haben.

Aktivisten brauchen Mut, um unbequem zu sein und Fragen zu stellen, wo andere schweigen. Und um notfalls Alleingänge zu starten, wenn es dem Unternehmen nützt und die Hierarchie nicht mitzieht.

Um Blockaden von oben zu vermeiden, muss es Verbindlichkeit auch für Vorgesetzte geben; sonst scheitern Change-Prozesse. Aber Change, Hierarchieabbau und mehr Selbstorganisation bedeuten nicht: Verzicht auf jegliche Regeln.

Das **Kompetenzmodell** ermöglicht eine Standortbestimmung: Wo liegen deine Stärken als Pionier? Und es liefert eine Grundlage zur Entwicklung deiner Attribute.

Teil 3

Wie du zum Pionier wirst

Das Wunder von Sioux City

Es ist der 19. Juli 1989. Flugkapitän Al Haynes von der *United Airlines* steuert eine Passagiermaschine des Typs McDonnell Douglas DC-10 mit 296 Insassen in Richtung Chicago. Die Flugnummer ist UA232. Auf 10.000 Metern Flughöhe explodiert plötzlich eines der drei Triebwerke.

Wäre alles nach den damals üblichen Abläufen gegangen, hätte wahrscheinlich niemand dieses technische Versagen überlebt. Und zwar nicht etwa wegen der explodierten Turbine, sondern wegen des Führungsstils im Cockpit.

Langstreckenflugzeuge waren damals immer mit drei Triebwerken ausgestattet, gerade weil sie nicht so zuverlässig waren wie heute. Im Normalfall wäre das Flugzeug einfach mit zwei funktionsfähigen Triebwerken weitergeflogen. Doch diesmal kam es anders. Durch einen unglücklichen Zufall hatten einige Trümmer der explodierten Turbine die Leitungen aller drei Hydrauliksysteme an Bord gekappt. Es gab keine Möglichkeit mehr, das Flugzeug zu lenken, zu drehen oder nach einer Landung zu bremsen. Und die Maschine verlor stetig an Höhe. Zu diesem Zeitpunkt glaubte keiner der vier Cockpit-Insassen an eine sichere Landung. „Ich war überzeugt, wir würden sterben. Aber wir mussten es versuchen", erinnerte sich der Bordtechniker Danny Fitch später.

In der Luftfahrt ist das Vorgehen in allen denkbaren Notfällen penibel geregelt. Aber die rigide Planung war in diesem Moment komplett nutzlos. Denn für das Versagen aller drei hydraulischen Systeme gab es keinen *Vorgang*. Die einzige Lösung war: Improvisieren. Doch das kannte der Führungsleitfaden nicht.

Bis in die 1980er Jahre hatte der Kapitän im Cockpit das alleinige Sagen. Auch und gerade in Notfällen waren Ideen der übrigen Crewmitglieder tabu, weil sie die autarke Entscheidung des Kapitäns, des erfahrensten Kopfs im Cockpit, beeinträchtigen könnten. Lösungsvorschläge von anderen würden die Hierarchie durchkreuzen. Und viele damalige Flugkapitäne gingen in dieser Rolle des alleinigen Anführers ebenso auf wie Manager, die im Command & Control-Führungsstil verharren. Und im Ernstfall gingen sie eben darin unter – und mit ihnen die gesamte Maschine mit Besatzung und Passagieren.

Es gibt Dutzende Berichte von Flugzeugunglücken aus der damaligen Zeit, die mit flacherer Hierarchie hätten verhindert werden können. Die Idee eines niedrigeren Ranges hätte Leben retten können. Die Flugschreiber sind unsere Zeugen.

Aber bei diesem Flug lief es zum Glück anders. *United Airlines* hatte erst wenige Jahre zuvor ein neues Führungsprogramm eingeführt. Nun galt im Cockpit die sinnvollste Lösung und nicht die Entscheidung des Hierarchiehöchsten. Und Flugkapitän Haynes hatte seinen Führungsstil entsprechend angepasst.

Der Techniker und DC-10-Testpilot Danny Fitch schlug vor, das Flugzeug über die Gashebel der Triebwerke zu steuern und so eine Notlandung vorzunehmen. Und zwar, indem er selbst, auf dem Boden des Cockpits kniend, mit reiner Muskelkraft abwechselnd Schub gab oder nahm. Mehr Schub auf der rechten Turbine bedeutete eine Linksdrehung und umgekehrt. Eine verrückte Idee. Doch Kapitän Haynes stimmte zu.

Wie schwierig diese Entscheidung für ihn war, können wir nur erahnen. Er übernahm die Verantwortung für mögliche, fatale Fehler von Fitch. Doch sein Vertrauen in die Fähigkeiten des Technikers sollte belohnt werden.

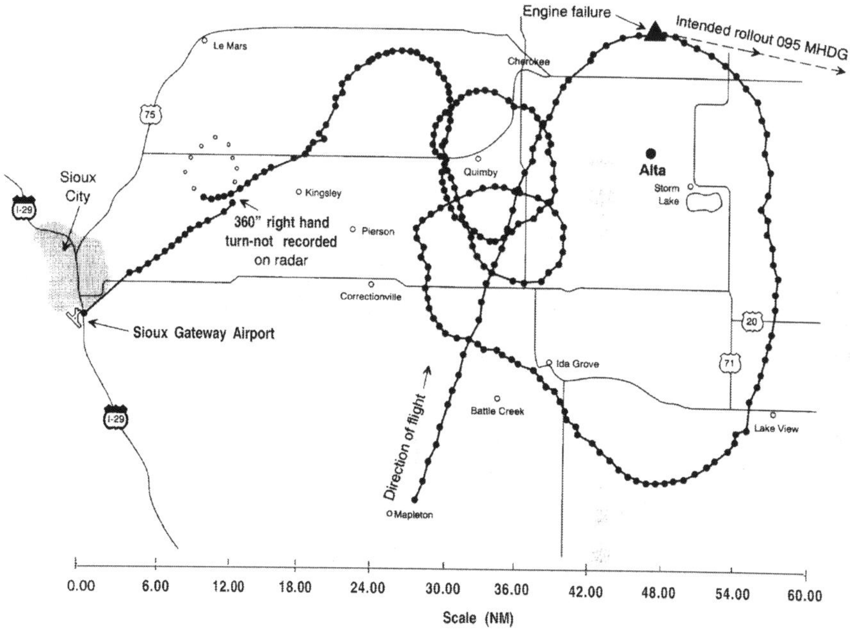

Abbildung 18: Der Flugverlauf von Flug UA232 vor der Notlandung in Sioux City, Iowa

Das Unglaubliche gelang: Nach einer wilden Abwärtsspirale war das Flugzeug tatsächlich auf Kurs Not-Landebahn in Sioux City, Iowa. Auch jetzt übernahm Kapitän Haynes nicht die Kontrolle. Danny Fitch war in diesem Moment der einzige Mensch auf der Welt, der den Hauch einer Chance hatte, ein manövrierunfähiges Flugzeug zu landen.

Das Glück war nicht gerade auf ihrer Seite. Das Flugzeug setzte zwar auf der Rollbahn auf, aber eine Windböe erfasste den Flieger, die Spitze eines der Flügel verkeilte sich im Boden und die Maschine überschlug sich. Trotzdem überlebten 185 der 296 Insassen. Dieser Flug sollte in die Geschichte der Luftfahrt eingehen als die erste Notlandung eines eigentlich aufgegebenen Passagierjets mit Überlebenden. Von 40 Crews, die später versuchten, die Notlandung im Flugsimulator zu wiederholen, vollbrachte keine einzige diese Meisterleistung. Haynes' Fähigkeiten als Pionier und Vorgesetzter, nicht seine Erfahrung oder Schulung, retteten diesen 185 Menschen das Leben. Weil er nicht auf die Hierarchie setzte, sondern auf die Expertise des Kompetentesten an Bord.

Zwei Dinge können wir von Haynes' Führungsstil für die Unternehmensführung lernen:

1. Mentale Agilität: Lösungsvorschläge von Fachkräften niedrigerer Hierarchiestufen zulassen und ernstnehmen
2. Teilautonomie: Verantwortung abgeben, statt Kontrolle zu behalten.

Kapitel 3.1

Strategien des Gestalters

Neue Prozesse mit dem First Principle Thinking

Prof. Dr. Philipp Haberstock ist stellvertretender Departmentleiter Strategy, Finance & Innovation an der *International School of Management (ISM)*. Nach seiner Überzeugung ist der Mensch dazu verdammt, in Analogien zu denken. Deshalb geschieht die Entwicklung von Neuem in der Regel auf der Grundlage von Bestehendem. Zudem denkt der Mensch prinzipiell linear. Die Weiterentwicklung von Prozessen geschieht also höchstens schrittweise. Der Nachteil daran ist, dass Prozesse selten von Grund auf neu gedacht werden. Zudem liegt der Fokus eher auf der Erfüllung bestehender Formvorgaben als auf den erwünschten (neuen) Wirkungen. Prozesse an neue Anforderungen anzupassen ist aber der Kern von Innovationskraft.

Gehirnforscher wissen: In der rechten Gehirnhälfte gibt es mehr Verbindungen – innerhalb und auch zu anderen Teilen des Gehirns. So können hier viel leichter unzusammenhängende Gedanken und Ideen zusammenfinden. Und genau das ist Kreativität: Dinge zusammenbringen, die auf den ersten Blick nicht zueinander passen, sondern erst vernetzt werden müssen, damit sich ein Sinn ergibt. Für eine Welt mit massig Ungewissheit gibt uns der Neuropsychologe Dr. Chris Niebauer in seinem Buch *Kein Ich, kein Problem* einen simplen Rat: „Die linke Gehirnhälfte wünscht sich immer Gewissheit. Wir müssen die rechte Gehirnhälfte trainieren."

First Principle Thinking beschreibt einen Denkansatz, bei dem komplexe Probleme oder Prozesse zerlegt und von Grund auf neu gedacht werden. Dabei wird das Kernproblem zunächst auf seine fundamentalen Eigenschaften reduziert, die im Anschluss neu zusammengesetzt werden. Diese Kompetenz erfordert es, sich von bestehenden Überzeugungen, Annahmen und Grundeinstellungen zu lösen. Doch das genügt noch nicht. Die wirkliche Hürde beim Change besteht darin, Privilegien und die Komfortzone aufzugeben. Noch wichtiger ist daher die Distanzierung von Abhängigkeiten, die einen an der schöpferischen Zerstörung hindern – zum Beispiel vom Ziel des Machterhalts in der Hierarchie. Deshalb gelingt diese Praxis ohne die Kompetenzen von Pionieren nicht.

Das *First Principle Thinking* ist der Erfolgsgarant von Disruptoren und erkennt oft den exponentiell steigenden Wert einer disruptiven Technologie an, wenn andere noch darüber spotten. Die Erfolgsstory des Streaming gelang, weil der Videoverleih durch *Netflix* von Grund auf neu gedacht wurde. Der Siegeszug des alltagstauglichen Elektroautos gelang, weil das bestehende Wissen zur Batterieproduktion und Ladeinfrastruktur durch *Tesla* im Kern hinterfragt wurde.

Beim *First Principle Thinking* werden immer das zugrunde liegende Verständnis des Problems und die existierenden Lösungsansätze hinterfragt. Das gelingt jenen Menschen besser, die visionär oder assoziativ denken können. Sie nehmen bei schwierigen Denkprozessen nicht die Abkürzung zum bekannten Lösungsansatz. Ganz im Gegenteil, sie zweifeln blasphemisch sogar das an, was die Experten des Fachs vorschlagen. Auf diese Weise die Konformität zu überwinden kostet enorme mentale Energie. Weil die meisten Menschen dazu nicht bereit sind, kommen wir so oft nicht vom Fleck. Die menschliche Neigung zur Nachahmung ist ein Hindernis für Innovation. Das bekam auch der Hochsprung-Pionier

Dick Fosbury zu spüren. Mit seinem *Fosbury Flop* stellte er die bestehende Methode im wahrsten Sinne des Wortes komplett auf den Kopf, indem er die Latte rücklings statt bäuchlings überquerte. Damit gewann er Gold bei den Olympischen Spielen 1968. Die meisten anderen Turnierhochspringer hielten noch jahrelang weiter stur an der deutlich schlechteren Straddle-Methode fest, bis der Fosbury Flop schließlich zum globalen Standard wurde.

Ein weiteres Beispiel: Michael, seines Zeichens Immobilienentwickler, vermietet Business-Apartments in Berlin, Hamburg und München als Alternative zur Hotelübernachtung. Sein Geschäft verzeichnet kontinuierlich höhere Margen und Auslastungen als die Hotelbranche. Michael hat sich entschieden, für die Entwicklung der firmeneigenen Prozesse bewusst niemanden aus dem Hotelbereich einzustellen. Zu groß schien ihm die Gefahr, dass jemand bestehende Grundannahmen im neuen System verbaut. Den schlanken Prozessen nach dem *First Principle Thinking* hat Michael seinen Erfolg zu verdanken.

Das *First Principle Thinking* erfolgt in drei Etappen:

1. Die gängigen Überzeugungen, Annahmen und Grundeinstellungen benennen, um die aktuellen Grenzen des Machbaren zu definieren. Diese Grenzen sollen durch Umstrukturierung aufgeweicht werden.
2. Herunterbrechen des Kernproblems auf seine fundamentalen Bestandteile. Eine Frage, die dabei hilft, lautet: Welche Teilprobleme müssen gelöst werden?
3. Eine neuartige Verknüpfung der Probleme mit unkonventionellen Herangehensweisen und, wenn nötig, Technologien. Es hilft, Betrachtungsweisen aus verschiedenen Disziplinen zusammenzutragen, um neue Ideen und Innovationen zu schaffen.

Für alle Menschen aus Konzernen ist an dieser Stelle ein Praxischeck wichtig. Die meisten Texte erwähnen nicht, dass beim *First Principle Thinking* kritisches Hinterfragen und neuartige Zusammensetzung nicht genügen. Man liest Sätze wie: „Ermögliche kreatives Denken!" Wenn die Welt nur so einfach wäre. Zu oft wird ignoriert, dass es einen Magnetismus in Richtung der bestehenden Hierarchie gibt. Wer in der echten Welt etwas verändern möchte, muss den neuen Prozess nicht nur neu denken, sondern ihn in einem nervenaufreibenden Kampf gegen das Bestehende und die Komfortzone der Mitmenschen immer wieder verteidigen. Das ist die Realität des *First Principle Thinking*. Die einzige Alternative ist das Eliminieren der Konservativen und Besitzstandswahrer, wie es Michael vorausschauend tat – und tun konnte, weil er bei Null begann und nicht in gewachsenen Strukturen arbeiten musste Doch diese Möglichkeit haben die allermeisten Entscheider nicht.

„Es ändert sich einfach nichts!" beklagen demotivierte Talente oft. Was Mitarbeiter so sehr frustriert: Die Form (die Hierarchie, das Formular und so weiter) ist wichtiger geworden als die Funktion (Anwendbarkeit, laufendes System zum vereinbarten Zeitpunkt und so weiter). Denselben Frust verspüren übrigens die Kunden und Partner, von denen erwartet wird, sich durch träge Prozesse zu quälen. Denn klassische Prozessoptimierung verantworten meistens Verwalter und nicht Visionäre oder *UX (User Experience)-Designer* – die gibt es im Management leider nicht.

Designer haben ein Auge für die Gestaltung besserer Systeme. Sie stellen Bedarfe konsequent über Prozesse, um sinnvolle, relevante Lösungen zu schaffen. Bei *Walt Disney Co.* gibt es die Berufsbezeichnung *Imagineer*. Das Wort kombiniert die Begriffe *Imagination* (Vorstellungskraft) und *Engineer* (Ingenieur). Imagineers sind bei Disney die Schöpfer der eigentlichen Magie und damit des Alleinstellungsmerkmals von Disney. Genau das beschreibt Professor Randy Pausch in seinem „Letzten Vortrag" im September 2007 an der Carnegie-Mellon-Universität. Von den Themenparks über Disney-Filme bis hin zum einzigartigen Hotelerlebnis verdankt Disney seine Marktstellung diesen Pionieren. In der Rolle des Imagineers wird die Kraft des *First Principle Thinking* richtig klar: Gestalter entwickeln visionäre Ideen und setzen sie in Detailarbeit um, die für jeden linear denkenden Menschen verrückt erscheinen, aber die einzigartige *Disney Magic* erst zum Leben erwecken.

Sieh dir zur Vertiefung das folgende Video auf Youtube an: Randy Pausch Last Lecture: Achieving Your Childhood Dreams (Englisch)[10].

10 https://youtu.be/ji5_MqicxSo

Aus dem Pionier-Werkzeugkasten: Die Sokratische Methode

Die sokratische Methode (nach dem griechischen Philosophen Sokrates) dient dazu, zum Kern eines Problems zu gelangen. So kann man eine wertvolle, langfristige Lösung entwerfen, statt an Symptomen herumzudoktern. Die Methode ist wundervoll einfach. Es wird fünfmal nacheinander "Warum" gefragt. Etwa so:

Warum wünschen sich Angestellte im Bereich Marketing eine Do-it-yourself (DIY)-Software?

Antwort: Weil ihnen das kreative Autonomie einräumt.

Warum?

Antwort: Weil sie damit Ergebnisse schneller live schalten können.

Warum?

Antwort: Weil sie nicht bei jedem Teilergebnis mehrere Genehmigungen einholen müssen.

Warum?

Antwort: Die Fachkraft kann völlig kreativ arbeiten, ohne etwas „falsch" zu machen, weil die Rahmenbedingungen und Berechtigungen in der Software vordefiniert sind.

Warum?

Antwort: Weil Genehmigungsschleifen und Mikromanagement zeitintensiv sind und hohe (verdeckte) Kosten erzeugen.

Bessere Arbeit mit dem 40-Minuten-Meeting

Rafaela arbeitet bei einem mittelständischen Unternehmen für Dämmmaterial. Die Meetingkultur ihrer Firma macht ihr zu schaffen. „An vielen Tagen habe ich von morgens bis abends ein Meeting nach dem anderen. Es bleibt wenig Zeit, um Dinge ordentlich vorzubereiten, umzusetzen und wirklich etwas voranzutreiben. Alle sind unentwegt gestresst."

Wären die Meetings wenigstens lebendige und produktive Orte des Ideenaustauschs und der Wertschöpfung, dann wäre das Ganze nur halb so schlimm. Die schöpferische Atmosphäre gäbe ihr dann immerhin Energie. Doch Meeting-Zeit ist viel zu oft vergeudete Zeit. Zu Beginn wird ausgiebig über Belangloses gesprochen. Sicher, Smalltalk kann auch mal entspannen und fördert das Menschliche. Aber wenn er erzwungen ist und zudem alle dauernd daran denken, dass sie die Zeit besser nutzen könnten, verliert er seinen Wert. Am Ende muss dann immer schnell-schnell alles fertig sein. Deshalb wird fast immer überzogen. Die meisten Meetings dauern 60 Minuten. Bei Minute 58 merken alle, dass es nicht reicht. Man bräuchte noch 5 oder 10 Minuten. Doch jeder hat ja im Anschluss gleich wieder ein Meeting. Fast nie geht man mit einer klaren Entscheidung aus dem Meeting. Das verschleppt das Weiterkommen.

Obendrein hat jeder von uns menschliche Bedürfnisse. Man wird oft zu einer Entscheidung gedrängt. Halte ich den Druck noch ein bisschen aus und gehe nicht zur Toilette, bleibe unterzuckert, dehydriert, steif vom Sitzen, oder niedergeschlagen von Neuigkeiten? Oder habe ich fünf Minuten, um mich körperlich und geistig zu erfrischen und mit maximaler Leistung wieder loszulegen? Die Leistungsbereitschaft hängt stark davon ab, ob man biologisch und mental auf dem Zahnfleisch geht oder gut vorbereitet und frisch ist.

Leider fehlt in vielen Unternehmen die Disziplin, was Meetings angeht. Deshalb lässt man die nächsten Gesprächspartner warten. Oder man vernachlässigt das, was gerade erarbeitet wurde.

„Das Kernproblem ist, dass man das immer ad-hoc entscheiden muss. Wer oder was ist jetzt wichtiger? Wobei „dringend" oft mit „wichtig" verwechselt wird. Die Terminentscheidungen werden unter Druck außerdem politisch (Kann ich den Chef warten lassen?) – und das raubt viel Elan und Motivation. Manchmal stelle ich mir fiktive Termine als Terminblocker ein, nur um wieder Kraft zu schöpfen. Eigentlich bin ich dann aber schon urlaubsreif. Und wenn ein oder zwei zentrale Personen krankheitsbedingt abwesend sind, wird das Meeting einfach beibehalten, obwohl vorher klar ist, dass man nicht zu einem Ergebnis kommen kann." Rafaelas Beispiel zeigt: Eine ungesunde Meeting-Kultur prägt die Arbeitskultur und das Vorankommen negativ. Müssen wir uns mit dieser Realität abfinden? Oder gibt es einen besseren Weg?

Die 40-20-10 Methode

Nach etwas Reflexion erkannte Rafaela: Kein Meeting gleicht dem anderen. Trotzdem gibt es eine Konstante: Beinahe jedes Meeting scheint 60 Minuten zu erfordern. Das höchste der Gefühle ist, in dieser Stunde zwei 30-Minuten Sitzungen unterzubringen. Doch hier begegnet uns dasselbe Problem: Kurz bevor die Zeit um ist, wird gehetzt. Rafaela entschloss sich, das Problem mit dem *First Principle Thinking* zu beleuchten. Könnte es sein, dass eine einzige Änderung sowohl den Ablauf als auch das Resultat vieler Abstimmungen und Besprechungen verbessern könnte?

Aufgrund ihrer Beobachtungen und Recherchen ist Rafaela überzeugt: In fast jedem Meeting wäre dasselbe oder sogar ein besseres Ergebnis in 40 Minuten statt in 60 erreichbar. Man muss nur die Zeit besser managen. Rafaela hat sich zum Thema „Time Boxing" informiert. Eine *Timebox* ist eine Deckelung bei, zum Beispiel, 40 Minuten. So kann man dem Parkinson-Prinzip entgegenwirken. Nach diesem Prinzip dehnt sich Arbeit in genau dem Maß aus, wie Zeit für ihre Erledigung zur Verfügung steht.

Die 40-20-10 Methode ist gekennzeichnet durch eine Standardzeit von 40 Minuten. Diese durchbricht die typische Struktur von 30-/60-Minuten Blocks und garantiert einen Puffer. Die übrigen 20 Minuten dienen der Nach- und Vorbereitung oder der körperlichen und geistigen Erholung. Und es bleibt innerhalb dieser Spanne immer Zeit für ein ad-hoc Meeting von zehn Minuten, um zügig Freigaben einzuholen, die im nächsten Meeting direkt gebraucht werden.

Rafaela entschied sich also, den Standard für alle Meetings auf 40 Minuten umzustellen, diese aber dennoch nur zur vollen Stunde beginnen zu lassen, also eine meetingfreie Zeit von 20 Minuten pro Stunde zu schaffen. Sofort veränderte sich einiges zum Positiven:

- Durch die erzwungene Selbstdisziplin nahm die Effizienz zu: Nun spart sich Rafaelas Team bis zu 20 Minuten pro Stunde oder über zweieinhalb Stunden pro Arbeitstag, die Mitglieder in produktive Arbeit investieren können. Bei fünf Angestellten sind das 250 Stunden pro Monat.
- Die Arbeitsqualität nahm zu: Rafaelas Team ist inhaltlich spürbar besser auf die Meetings vorbereitet. Die Besprechungen erbringen viel bessere Ergebnisse als früher. Dank der 20 „freien“ Minuten zwischen den Meetings sind Teammitglieder in der Lage, das Besprochene zusammenzufassen und Follow-up-E-Mails zu verschicken, bevor die nächste Besprechung startet. Solche Follow-ups wurden früher regelmäßig nach der regulären Arbeitszeit im Feierabend geschrieben. Die Teams kommen schneller zu Ergebnissen und fühlen, dass ihre Freizeit respektiert wird.
- Weil Besprechungen inzwischen als produktive Zeit und nicht als „erzwungene Erholungszeit“ wahrgenommen werden, gibt es weniger “leere Meetings”. Wenn sich kurz vor einem geplanten Meeting die Sachlage ändert und keine Zeit mehr bleibt, eine Schlüsselinformation oder die Freigabe für die Weitergabe dieser Information einzuholen, wird das Meeting verschoben oder es fällt aus, statt alle trotzdem zusammenzurufen und die Zeit sinnlos absitzen zu lassen.
- Die Arbeitszufriedenheit, die mentale Gesundheit und nicht zuletzt die Leistungsfähigkeit haben sich verbessert, weil Angestellte in der Zeit zwischen den Meetings weniger gestresst ihren Bedürfnissen (Toilette, Kaffee, Bewegung) nachgehen können, ohne den Beginn der nächsten Sitzung zu verpassen.

- Rafaela hat einen Wandel der Kultur bemerkt. Der Umgang im Team ist nun merklich respektvoller, weil alle Teilnehmer immer pünktlich kommen. Menschen, die sich als wichtigste Teilnehmer der Besprechung einstufen und bisher demonstrativ als letztes (zu spät) zum Meeting erschienen, ist der Wind aus den Segeln genommen.

Wie man die 40-Minuten-Methode einführt

Eigentlich ist die Umstellung von 60 auf 40 Minuten eine „low hanging fruit." Doch die Meeting-Logik im Team zu verändern, ist kein Kinderspiel. Zu gewöhnt sind die Mitarbeiter an den Standard, ob er nun Sinn ergibt oder nicht. Wie geht man also am geschicktesten vor?

1. Erkläre die 40-Minuten-Methode und ihre Vorzüge.
2. Schicke vor jedem Meeting ein Briefing und halte dich im Meeting bestmöglich an die Agenda. Stell eine Stoppuhr, die bei der 30-Minuten-Marke alle informiert: Wir haben noch 10 Minuten, um zu einem Ergebnis zu kommen.
3. Starte jedes 40-Minuten-Meeting zur vollen Stunde. Das erleichtert das Einbauen der neuen Praxis in die „alten" Kalender mit ihren 30- oder 60-Minuten-Meetings. Außerdem macht es das Rechnen leichter und die verbleibende Zeit sichtbar.
4. Halbiere (20 Minuten) Meeting-Zeiten für den ad-hoc-Austausch.
5. Verdopple (80 Minuten) Meeting-Zeiten für kreative *Deep Dives*.
6. Stelle in deiner Kalender-App die Standard-Meetingzeit auf 40 Minuten. Du kannst bei Bedarf individuell immer noch 30 oder 60 auswählen.

Kapitel 3.2

Strategien des Forschers

Denkmuster lenken mit Achtsamkeit

Während die körperliche Hygiene selbstverständlich ist für unsere Gesundheit, erscheint uns die Gedankenhygiene durch Meditation als eher befremdliche Idee. Bei solchen Achtsamkeitsübungen geht es aber nicht immer nur um eine spirituelle Erfahrung oder um Stressreduktion. Für beides ist die Meditation gut geeignet, aber darauf liegt hier nicht der Fokus. Mir geht es darum, eine Übung zu präsentieren, mit der wir nachgewiesenermaßen ein Bewusstsein für die eigenen Gedankengänge entwickeln können. Das ist die Grundlage dafür, unsere Adaptive Intelligenz zu trainieren und anzuerkennen, dass es stets einen alternativen Lösungsweg gibt. Ich argumentiere in diesem Kapitel also dafür, dass Praktiken wie Meditation uns helfen können, mit den Hürden beim institutionellen Wandel umzugehen, indem sie die eigene Adaptive Intelligenz und damit das agile Mindset fördern und schärfen.

Zuerst einmal eine Klarstellung: Mit Meditation ist nicht Stillsitzen und Atmen gemeint. Das wäre eine Methode für einen ruhigen Geist. Wir aber bewegen uns weg von der Spiritualität und hin zur Toolbox für Hochleistung. Mein Ziel ist es, dass Menschen in Situationen, in denen der Plan versagt, über mehr Kompetenzen und Spielraum verfügen. Ich will dir helfen, zu erkennen, wo der Fokus deiner Gedanken liegt, und zu lernen, und wie du ihn bewusst umlenkst. Wie du über eine Beobachtung urteilst und welche alternativen Beurteilungen es gibt. Wie dir eine hohe *Refresh Rate* bei deinen Glaubenssätzen gelingt.

Denken ist eigentlich eine Art Selbstgespräch. Basierend auf deinen individuellen Erwartungen und Erfahrungen (Sensibilität, Traumata, Wünsche, Ängste und so weiter) folgt dieses Selbstgespräch stets einem bestimmten, von der Persönlichkeit abhängigen Schema. Der Eine stuft einen Kommentar als Anmerkung ein, die andere empfindet ihn als persönlichen Angriff. Während das Schema deine erlebte Realität widerspiegelt, hat es aus der Vogelperspektive keine Allgemeingültigkeit. Es ist nur ein Legostein in einem Ozean von Legosteinen, von denen in jeder erdenklichen Situation zahlreiche Stücke passen.

Der Neurowissenschaftler Andrew Huberman ist überzeugt, dass man mit Bewusstseinsübungen wie Meditation seine emotionale Stabilität wiederherstellen kann, wenn sie ins Wackeln gerät.

Machen wir also direkt eine praktische Übung: Sicherlich sind deine Gedanken schon das ein oder andere Mal abgeschweift, während du dieses Buch liest. Dafür hast du vermutlich entweder mich oder einen äußeren Umstand (wie zum Beispiel Nachrichten auf dem Smartphone, Verkehrslärm oder verführerischen Essensgeruch) oder möglicherweise auch dich selbst verurteilt. „Ich kann mich nicht konzentrieren. Das Kapitel ist unverständlich. Die Musik nebenan ist zu laut. Ich bin zu wenig fokussiert." Erlaube dir diese Gedanken, aber höre ihnen zu, wie du Vögeln vor deinem Fenster zuhörst. Und jetzt kannst du dich aktiv dafür entscheiden, diese Verurteilung(en) fallen zu lassen und deine Gedanken sanft wieder auf die Lektüre umzulenken. Gratulation – du hast gerade meditiert!

Dein Verstand wird jetzt möglicherweise direkt protestieren. „Humbug! Es ist doch gar nichts passiert! Ich hab doch schon Kontrolle über meine Gedanken!" Vielleicht stimmt das. Vielleicht aber auch nicht. Wissenschaftlich bewiesen ist jedenfalls, dass jeder Mensch den allergrößten Teil seiner Entscheidungen im Verlauf eines normalen Tages unbewusst fällt. Existierende Denkkonzepte lenken also fast alle Beurteilungen und Entscheidungen. Und zwar zwischen 95 und 98 Prozent, je nachdem, welche wissenschaftliche Quelle man zu Rate zieht. Lass dich also von diesen unbewussten Konzepten nicht mehr automatisch leiten. Die linke Gehirnhälfte will für alles eine Bewertung finden. Eine gesunde Skepsis gegenüber den Machenschaften des sogenannten rationalen Hirns ist aus meiner Sicht jedenfalls gesund.

Falls du Gefallen an der Übung gefunden hast, kannst du sie direkt in weiteren Situationen erproben und deinen Change-Muskel trainieren. Wenn du später am Tage eine Unterhaltung hast, dann versuche einfach, dass Abschweifen deiner Gedanken zu beobachten, wie ein Außenstehender. Nun kannst du die Initiative übernehmen, *wie* du über ein Ereignis denkst, statt dem Automatismus zu folgen. Du unternimmst eine Umdeutung deiner Beobachtung. Als nächstes versuchst du es wieder heute Abend im Bett. Und dann morgen früh in der Dusche. Die Schritte, die nötig sind, um deine Gedanken aktiv umzulenken, folgen immer derselben Systematik:

1. Ein Gedanke kommt auf.
2. Du erkennst ihn ohne Beurteilung an.
3. Du entscheidest dich bewusst dafür, anders über den Sachverhalt zu denken.

Je öfter und in je mehr Lebenslagen du genau das tust, desto mehr trainierst du deinen Change-Muskel. Möglicherweise fragst du dich jetzt, warum es den zweiten Schritt gibt: den Gedanken anzuerkennen. Sicherlich gibt es Gedanken, die dich sehr frustrieren, zum Beispiel ein bestimmtes Verhalten eines Kollegen oder ein eigener Misserfolg. Toleranz ist das letzte, an was du denkst. Aber genau das ist die Krux: Der Ärger lässt dich am Gedanken selbst festhalten, und die alternative Betrachtungsweise bleibt in weiter Ferne. Neu denken erfordert es, vorübergehend *nicht* zu denken. Das neu Bewerten (Schritt 3) erfordert, das Alte zu betrachten und dann gehen zu lassen (Schritt 2). Buddhisten sagen: „What you resist persists, what you look at disappears."

Warum das gut ist? Das, was wir als Kontrollbedürfnis bezeichnen, kann über diese Methode aktiv reduziert werden. Das Resultat ist ein flexiblerer Geist. Du wirst weniger verbissen und zugänglicher für neue Ideen. Eine kreative Lösung kann entstehen. Schleichend gewinnst du die geistige Grundlage, um aufgeschlossen an neue Situationen herangehen zu können.

Vorsprung durch Sprache: Die Macht der Worte

Die Sprachpsychologin Lera Boroditsky erforscht, wie die Sprache unser Denken formt. So enthüllt sie, wie wir Wissen erzeugen und die Realität konstruieren. Boroditsky ist Assistenzprofessorin für kognitive Psychologie an der Stanford University in Kalifornien. „Was die Forscher ‚Denken' nennen, ist offenbar in Wirklichkeit eine Ansammlung linguistischer und nichtlinguistischer Prozesse", sagt sie. In unzähligen Studien haben Forscher bewiesen, was Johann Gottfried Herder (1744–1803) und Wilhelm von Humboldt (1767–1835) ihrerzeit schon vermuteten: Unsere Sprachgewohnheiten formen unsere Realität und damit unser Handeln.

Die Jagd nach Anglizismen und Buzzwords ist in Besprechungen und bei Konferenzen geradezu zum Volkssport herangewachsen. Man darf den selbsternannten Sprachkontrolleuren ein gewisses Verständnis schenken. Natürlich lebt Sprache vom gemeinsamen Verständnis. Jeder, der einen Satz aus zehn Wörtern mit fünf Akronymen, Anglizismen und Kunstwörtern zumüllt, kommuniziert nicht effektiv und verstört seine Zuhörer. Nur wenn ein gemeinsames Verständnis gegeben, ist, können wir gemeinsam etwas erreichen. Doch dieser Volkssport verbirgt einen viel wichtigeren Trend. Viele Menschen, die so überempfindlich auf Buzzwords und Anglizismen reagieren, merken gar nicht, dass sie, neben der Komfortzone Deutsch, auch die Komfortzone Abkotzen nicht verlassen haben. Ganz oft stelle ich fest: Ihre Wortwahl ist zwar sprachlich korrekt und verzichtet auf die (manchmal praktischeren und treffenderen) englischen Begriffe aus der Business-Sprache, demotiviert ihre Teammitglieder aber zutiefst. Unser Problem sind nicht Anglizismen, sondern toxische Sprache am Arbeitsplatz.

Der Kommunikationsstil der Vorgesetzten spielt eine große Rolle für den Kulturwandel. Er kann Werkzeug und Taktgeber zur Lösung von Problemen sein und im Idealfall gute Gefühle vermitteln und Antrieb geben. Er kann aber auch als Waffe verwendet werden, indem die Sprache der Chefs Vorgehensweisen diskreditiert, neue Ideen grundsätzlich anzweifelt und Menschen verletzt. Anne M. Schüller beschreibt in diesem Zusammenhang die Forschung der Harvard-Psychologin Teresa Amabile. Diese kam zu dem Schluss, dass Kritiker oft als intelligenter wahrgenommen werden. Man spricht ihnen ein schärferes Urteilsvermögen zu. „Schwarzseher erscheinen leicht als scharfsinnig und weitsichtig, während positive Äußerungen schnell als naiv abgetan werden", sagt Amabile.

Der Wirtschaftspsychologe Hans Eicher erklärt in seinem Buch *Die verblüffende Macht der Sprache:* „Hält jemand ein Ziel für nicht erreichbar, obwohl es innerhalb des Möglichen liegt, wirken Worte wie 'Das schaffst du nie!' gleichsam als Befehl und Aufforderung an das Gehirn, von diesem Ziel wieder abzulassen. 'Negatives Hellsehen' hat die gleiche Wirkung. Das sind Gedanken, die einen Menschen glauben lassen, er könne ein Ziel nicht erreichen, beispielsweise: 'Ich fürchte, da habe ich keine Chance.'"

Ich wünsche mir eine Debatte um *konstruktive* Sprache am Arbeitsplatz. Bei konstruktiver Sprache steht der Ton im Vordergrund. Formale Kriterien, also welche Fachbegriffe als solche anerkannt werden oder wie „in" ein Wort gerade ist, sind nachgelagert. Manche englischen Begriffe sind von Haus aus positiver oder präziser als ihre deutsche Übersetzung. Dazu zählen für mich Ausdrücke wie das Substantiv (*unternehmerischer) hustle* (zu deutsch weder Eile noch Betrügerei, wie im Duden beschrieben, sondern in etwa das „unentwegte erkämpfen von kecken Lösungen"), oder das Adjektiv *resourceful* (das knackige deutsche Wort „findig" trifft es leider nicht ganz, denn hierbei handelt es sich eben auch um die Fähigkeit einer Person, zügig fachfremde Konzepte in die Lösungsfindung einfließen zu lassen). Beim Versuch einer Übersetzung verrenkt sich die deutsche Sprache entweder, oder es kommt zu einem Minimalkompromiss (siehe Worte in Klammern oben).

Leonie Sanke erklärt in ihrem *jetzt*-Beitrag „Anglizismen sind besser als ihr Ruf" ihren Lieblingsanglizismus *this is not helping*. „Etwa, wenn [man] in einer ausweglosen Situation einen unangebrachten Ratschlag [bekommt]. Jedes Mal, wenn mir selbst dieser Satz auf der Zunge lag, überlegte ich, wie er sich elegant und ähnlich lustig übersetzen lässt. Nicht hilfreich? Das hilft nicht? Bringt das Gefühl beides nicht richtig rüber." Sanke schreibt weiter, „viele Anglizismen drücken etwas aus, das die deutsche Sprache einfach nicht hinbekommt. Manchmal sind andere Sprachen einfach flexibler, knackiger oder massentauglicher." Das gilt übrigens für bestimmte deutsche Begriffe im Englischen (z.B Schadenfreude) ebenfalls.

Viel schädlicher als Anglizismen jedenfalls sind Killerphrasen, schreibt Anne M. Schüller in ihrem Buch *Bahn frei für Übermorgen-Gestalter!* Diese kann man im eigenen Büro oder Team ganz einfach sammeln und auf einem physischen oder einem digitalen Poster (dem Friedhof) für alle anderen sichtbar machen. Der Grundstein für die Selbstreflexion und konsequenten Wandel der Sprachgewohnheiten ist somit gelegt.

Friedhof für Killerphrasen (8 Beispiele)

1. *Das haben wir hier schon immer so gemacht.*
2. *So tickt unsere Firma einfach nicht.*
3. *Sowas wollen die Kunden nicht.*
4. *Das wird nie funktionieren.*
5. *Es ist nicht unsere Aufgabe, das zu ändern.*
6. *Davon haben Sie doch gar keine Ahnung.*
7. *Never Change a Running System.*
8. *Sie müssen noch sehr viel lernen.*

Genau hier tritt der Pionier-Archetyp des *Forschers* auf die Bühne. Er fragt: „Ist das wahr? Wollen die Kunden das wirklich nicht, wie der Zweifler vorgibt? Oder ist das nur eine Ausrede? Wird es wirklich nicht funktionieren oder nutzen wir einfach nur eine eingeschränkte Methodik?" Er will die Wahrheit erkennen, statt sich mit defensiven Aussagen zufrieden zu geben. Seine Vehemenz ist der Startpunkt für Wandel. Ohne sie wird die Transformation im Keim von Killerphrasen erstickt.

Zum Glück gibt es auch eine Fülle von motivierenden, aufgeschlossenen Phrasen, die das kreative Denken anregen und ergebnisoffen auf Neuerungen zusteuern. Hier ein paar Beispiele, um die eigene Liste zu erschaffen und zu pflegen:

Schatztruhe für Powerphrasen (11 Beispiele)

1. Wie könnte es funktionieren?
2. Wer hat die notwendigen Möglichkeiten?
3. Hat es schon mal jemand versucht?
4. Probieren Sie es aus!
5. Ist unsere Vorgehensweise geeignet?
6. Ich weiß zwar nicht wie, aber ich glaube daran!
7. Wenn es jemandem gelingt, dann Ihnen!
8. Welche unserer Prozesse stehen dem im Weg?
9. Das ist mir nicht gelungen, ich versuche es erneut.
10. Was brauchen Sie, um daran zu arbeiten?
11. Ich bin froh, dass Sie das anpacken, und ich unterstütze Sie!

Diese Form der Kommunikation erfordert vom Chef ein hohes Maß an Bescheidenheit. Er muss vermitteln, dass er etwas nicht weiß und der bestehende Prozess es manchmal nicht kann. Zweitens muss der Vorgesetzte das Risiko eingehen, dass der neuartige Lösungsversuch (wiederholt) scheitert und die dafür verwendete Arbeitszeit verschwendet wurde.

Wie Monique demonstriert, kann man mit solcher Bescheidenheit und Zuversicht Respekt ernten. Das Mitarbeitererlebnis floriert.

Fazit: *Wie* kommuniziert wird, entscheidet über den Erfolg. Powerphrasen verbinden immer zwei Elemente: Empathie und Entschlossenheit. Denn ein Mangel an Selbstbewusstsein kann die Autorität schnell untergraben. Aber ein überzogenes (und unbegründetes) Selbstbewusstsein vermittelt toxische Überlegenheit statt Ergebnisoffenheit.

Aus dem Pionier-Werkzeugkasten: Keine Scheu vor dem Papagei-Effekt

Natürlich scheint es frustrierend, ermüdend und möglicherweise idiotisch, eine Anforderung mehr als drei Mal zu „predigen." Aber die Annahme, dass die Mitmenschen das Gemeinte schon nach dem ersten oder zweiten Mal verstanden haben, ist ein verheerender Irrtum. Dafür gibt es mindestens drei Gründe. Erstens wird vieles einfach überhört oder beim ersten Mal nicht voll erfasst. Die Zuhörer sind nicht vorbereitet auf das, worüber der Sprecher schon lange nachgedacht hat. Unser Gehirn braucht sogar bis zu 100 Wiederholungen, um etwas dauerhaft zu speichern. Denn erst nach vielen Wiederholungen entstehen stabile Verknüpfungen im Gehirn. Forscher verweisen in diesem Zusammenhang auf die sogenannte „Vergessenskurve." Zweitens braucht eine Information tatsächlich die Wiederholung, um zu fruchten. Das kennt man aus dem Marketing. Die Faustregel hier: Mindestens siebenmal muss man ein Produkt wahrgenommen haben, bis man den Kauf erwägt. Und drittens ist unsere Wahrnehmung des Gesagten häufig verzerrt. Es ist unmöglich zu bestimmen, wie viele Menschen man tatsächlich erreicht – sogar dann, wenn man dreimal dasselbe ausgesprochen hat. Meistens fühlen wir uns dabei wie ein Papagei, obwohl Maria es zweimal, Jens einmal und Thomas ebenfalls einmal und nur mit halbem Ohr gehört hat. Wir erwarten dann Reaktion und Bewegung, die gar nicht kommen kann.

Wir müssen lernen, das Unbehagen des Papagei-Effekts zu ertragen. Lieber wiederholst du etwas zwanzigmal, nimmst das genervte Aufstöhnen der guten Zuhörer in Kauf – und schaffst Ergebnisse. Dabei kann eine kooperative Rhetorik helfen, die auf Empathie abzielt. Das sieht etwa so aus: „Ihr denkt jetzt möglicherweise, wie oft hat er das denn jetzt schon gesagt! Ich weiß, was ihr meint. Aber ich sage es lieber zehnmal zu viel als einmal zu wenig." Kooperative Rhetorik nimmt den erwarteten Gedankengang vorweg und entkräftet die erwartete Gegenreaktion.

Arbeitszufriedenheit verbessern wie Microsoft & Disney

Die meisten Organisationen fokussieren sich auf das, was sie nach vorne bringt, statt darauf, was sie zurückhält. Innovation wird stets größer geschrieben als Transformation. Das hält sie davon ab, sich an die Reformation zu machen. Der *Scientist* Satya Nadella weiß: Man muss gar nicht den „Innovations-Turbo" anwerfen, um die Organisation agiler und innovativer zu machen. Man muss nur die Stoppschilder aus dem Weg räumen. Führungskräfte müssen sich also ernsthaft überlegen, ob sie bereit, willens und in der Lage sind, die Organisation von innen heraus zu restrukturieren.

Schon im Jahr 2013 war für die Führungsetage bei *Microsoft* klar: Das Arbeiten von überall auf der Welt ist jetzt technologisch möglich. Die beiden zentralen Bausteine standen zur Verfügung: die Büroausstattung zum Mitnehmen und Breitband-Internet im eigenen Haushalt.

Und die Flexibilität war gewollt. Warum sollten die Leute noch jeden Tag ins Büro kommen? Die Produktivität der Belegschaft nahm im Home-Office fast immer zu, nicht ab. Der ermüdende, also Produktivität kostende Arbeitsweg entfiel. Und niemand musste sich mehr für einen Zahnarzttermin einen halben Tag frei nehmen. Schwarze Schafe, also Menschen, die die Freiheit ausnutzten, gab es wenige. Gemeinsam mit dem Betriebsrat wurden die Rahmenbedingungen für regelmäßiges Arbeiten im Home-Office geschaffen. Und doch hakte es.

Damals war die Denkweise noch geprägt durch die alte, hierarchische Arbeitswelt. Entsprechend unflexibel war der Führungsstil der meisten Manager. Ja, eine Wende war in Sicht. Es gab viel zu tun, und das war allen bewusst. Man konnte erkennen, dass viele im Management bereit waren, etwas zu verändern. Aber vor allem das mittlere Management war verunsichert. Wie sollte man umgehen mit den neuen Freiheiten der Angestellten? Es stellte sich heraus, dass die zentralen Sorgen im Zusammenhang mit der virtuellen Zusammenarbeit in den erforderlichen Führungskompetenzen selbst lagen:

1. Wie kreiere ich ein Teamgefühl?
2. Wie stelle ich Ergebnisse sicher?
3. Wie schaffe ich gegenseitiges Vertrauen?
4. Was mache ich, wenn es doch nicht läuft?
5. Wie gebe ich Ressourcen, die die Mitarbeitenden brauchen, um gute Arbeit zu leisten?
6. Was unternehme ich, wenn doch ein schwarzes Schaf die neu gewonnene Flexibilität ausnutzt?

Tatsächlich hatte praktisch niemand vor, eigennützig und faul zu sein. „Gute Angestellte wollen drei Dinge", sagt Anna Kopp, IT-Direktorin für Deutschland und Leiterin des Münchner Büros von Microsoft. "Erstens wollen sie einen guten Job machen. Zweitens wollen sie etwas für die Firma erreichen. Und drittens wollen sie etwas lernen, das ihnen beim nächsten Karriereschritt hilft."

Die Unternehmensführung von Microsoft lenkte ihre Aufmerksamkeit damals auf das mittlere Management. Die zentrale Frage war: Wie klären wir dessen reale Sorgen? Denn solange dieses Problem ungelöst blieb, konnte sich auch die Arbeitskultur nicht transformieren. Kopp berichtet: „Wir erkannten eine wichtige Wahrheit: Manager sind auch Menschen. Dass sie Unterstützung benötigen, muss kein Tabuthema sein." Also unterstützte man die mittlere Führungsebene durch Leitfäden und Entscheidungshilfen beim Entwickeln eines dem Home-Office angepassten Führungsstils. Microsoft entwickelte zwei Säulen, um dieses Ziel zu erreichen:

1. Die Verlagerung des Fokus weg von der Zeitmessung und hin zur Leistungsmessung
2. Die Einführung starker Führungsprinzipien.

Die Verlagerung des Fokus weg von der Zeitmessung am Arbeitsplatz ("pünktlich und emsig") zur Leistungsmessung (ergebnisorientiert) bestand aus drei Komponenten. Die erste Komponente lautete: „Meine Ziele." Jeder Angestellte soll klare Ziele sowohl in Bezug auf die Leistung in der Firma als auch auf die eigene Entwicklung formulieren und stets präsent haben.

Die zweite Komponente heißt: „Andere bauen auf mich." Kollegen können einander formale Anerkennungen (sogenannte „Perspektiven") für Kooperationsleistungen aussprechen, also dafür, dass ein Erfolg, der formal einem Team oder einem Mitarbeiter zugerechnet wird, in Wirklichkeit das Ergebnis von (oft abteilungsübergreifendem) Teamwork und der Vorarbeit anderer ist. Dieses System zeigt der ganzen Belegschaft: Recycling und Austausch von Ideen sind wertvoll und wichtig für die Innovationskraft der Firma. Dies ist ein wichtiges Werkzeug für Effizienz, weil dadurch Silos und Ellbogenkultur abgebaut werden. Und es führt zu Ergebnissen.

Die dritte Komponente nennt sich „Ich baue auf andere." Dies ist die logische Konsequenz von „Perspektiven". Menschen, die Anerkennung erfahren, teilen ihre Ideen und ihre Vorarbeit gerne mit anderen. Das führt dazu, dass Angestellte bei Microsoft nun vermehrt die Bereitschaft zeigen, andere nach Ressourcen zu fragen. Eine echte Kooperation stellt sich ein, die man sonst nur aus Gründerteams kennt. Das Interessante an der Haltung von Pionieren ist, dass sie die Stärke der anderen anerkennen und für sich nutzen. Das schaffen viele Menschen aus Stolz nicht.

Die drei Führungs-Prinzipien des mittleren Managements bei Microsoft lauten inzwischen:

1. Klarheit schaffen
2. Energie erzeugen
3. Ergebnisse liefern.

Diese drei Prinzipien geben einen starken Rahmen und wurden zum Qualitätsstandard guter Führung ernannt. Gleichzeitig lassen sie Raum dafür, einen eigenen Führungsstil zu entwickeln.

Früher war der erste Gedanke, wenn die Leistung nicht stimmte: Der Angestellte arbeitet nicht gut. Diese Haltung änderte sich nach 2013 spürbar. Wenn die Leistung fortan nicht stimmte, wurde nicht mehr mit dem Finger auf den Angestellten gezeigt. Der erste Gedanke war: Prüfe die drei Prinzipien. Sind die Rahmenbedingungen für Mitarbeitende erfüllt? Wenn diese stimmen, dann ist es egal, wann und wo Menschen arbeiten.

Anna Kopp teilt vier nützliche Fragen für eine verbesserte Leistungsbeurteilung mit uns:

1. **Wofür bist du intern bekannt?** Diese Frage kann helfen, die eigenen Stärken zu reflektieren und seine Kompetenzen und Kräfte optimal einzusetzen.
2. **Was hättest du anders machen können für eine bessere Auswirkung aufs Geschäft?** Wichtig: Lernwille zeigen statt einem geschönten Text wie in manchen Bewerbungsschreiben
3. **Was wirst du künftig alles nicht mehr tun (*Not-To-Do Liste*), indem du es delegierst oder einstellst?** Diese Frage ist eine Brücke zur Reflexionsfähigkeit und soll dem Chef zeigen, dass man loslassen kann.
4. **Hast du genug Zeit zum Lernen, und zwar rollenspezifische Inhalte und Themen, um dich selbst zu entwickeln?** Microsoft zielt je nach Rolle auf bis zu 12 Lerntage jährlich ab, auch

wenn dafür die Ziele reduziert werden müssen. Manche Manager terminieren ihre Lerntage verbindlich für das ganze Team für einen ganzen Tag statt stundenweise zerstreut, damit diese Priorität deutlich wird und das Lernen tatsächlich stattfindet.

Die *Walt Disney Co.* hat ihre eigene Version von „Perspektiven". Für die systematisierte Anerkennung von guter (Vor-)Arbeit gibt es die *Great Service Fanatic Card.* Wenn ein Angestellter wertvolle Arbeit erledigt oder passioniert ein Problem gelöst hat, kann jeder Kunde, Mitarbeiter oder Manager ihm dafür eine Bescheinigung ausstellen. Darauf ist zu lesen „Deine Arbeit hat einen Unterschied ausgemacht." Die Personalabteilung registriert die Leistung im System und informiert den Manager. Das heißt: Dank und Anerkennung kreieren ein Schwungrad für Engagement und Kooperation. Ein softwaregestütztes Werkzeug hierfür ist übrigens *Atlassians* Slack-Integration *Matter*, das 2017 von Brett Hellman gegründet wurde.

Disney geht aber noch einen Schritt weiter. Jeden Verhaltensstandard kann man auch von den Managern einfordern. Dieses kleine Detail, in der Theorie weit verbreitet, in der Praxis jedoch rar, ist ein Quantensprung für die Arbeitszufriedenheit. In typisch hierarchischen Strukturen halten Mitarbeiter lieber den Mund, weil sie fürchten, ihre Kritik an der Führung bringe ihnen Nachteile. Denn offene Kritik führt leicht zur Abwehrhaltung. Dadurch bleiben besonders solche Probleme bestehen, deren Wurzeln in der Führung und ihrer Haltung liegen. Ohne Kritik geht es jedoch immer so weiter, bis der Mitarbeiter kündigt. Oder rausgeekelt wird. Wichtig ist, dass Kritik immer an der Arbeitsweise und nicht an der Person geübt wird. Bei Disney habe ich das erste und einzige Mal in einem Konzern eine echte Feedbackkultur erlebt. Die Selbstverständlichkeit, mit der Manager und Angestellte sich der Kritik und der Arbeit an der eigenen Verbesserung hingaben, war beachtlich und erquickend. Disney erfindet sich immer wieder erfolgreich neu. An Microsoft und Disney können wir uns ein Beispiel nehmen.

Kapitel 3.3
Strategien des Aktivisten

Change motivieren mit Kind Confidence

Führungskräfte in einer Wirtschaft im Wandel sind ungeahntem Druck ausgesetzt. Ihnen wird eine immer höhere Veränderungsfähigkeit abverlangt. Zudem müssen sie „Menschenversteher" sein. Den wenigsten gelingt der Balanceakt zwischen Einfühlsamkeit und Durchsetzungsvermögen. Viele Mitarbeiter beklagen die fehlende Flexibilität und die ständige Hektik ihrer Vorgesetzten.

Jeder Mensch hat eine Batterie für Durchhaltewillen. Sie ist essenziell, um sich trotz Belastung und Rückschlägen weiterhin zu engagieren. Aber unter den heute vielerorts herrschenden Umständen ist sie sehr schnell leer. Das gilt für die Arbeit im Alltag und noch viel mehr für Change-Arbeit. Viele Vorgesetzte müssen lernen, dass diese Batterien ihrer Teammitglieder zu den wichtigsten Ressourcen zählen, auf die sie Zugriff haben. Ist die Batterie leer, droht vom Angestellten Dienst nach

Vorschrift oder (innere) Kündigung. Und der Grad der Entladung dieser Batterie hängt eng mit dem Führungsstil zusammen.

"Wie führt eine gute Führungskraft?" ist die Frage, die ich unzähligen Menschen branchenübergreifend stelle. Die zwei am häufigsten (und oft gemeinsam) genannten Eigenschaften lauten *empathisch* und *entschlossen*.

Im englischen Begriff *Kind Confidence* sind beide Elemente verbunden. Schauen wir uns also näher an, was *Kind Confidence* ist und wie wir damit Menschen für den notwendigen Wandel motivieren können.

Status Quo 1: Wie mir Teams immer wieder schildern, agieren viele Führungskräfte zwischenmenschlich zu forsch. Die immer noch vorherrschende *Theory X* verleitet Manager dazu, mit harter Hand zu führen. Die Toleranz gegenüber Fehlern ist niedrig, ein Urteil ist schnell gefällt. Die Bevormundung frustriert und befremdet kreative und proaktive Mitarbeiter, die wissen, dass Lernen häufig Fehlversuche voraussetzt.

Es sind Wertschätzung und Empathie, die bei Angestellten für Motivation sorgen. Empathische Führungskräfte bringen dem eigenen Team auch in Stresssituationen Vertrauen und Zuversicht entgegen, statt laut zu werden. Sie haben eine ausgeprägte innere Gemütsruhe. Ihre Fähigkeit, mit Komplexität umzugehen, lässt deren Bedrohungscharakter sinken. Statt Hektik stellt sich Ruhe ein, die sich in verbesserter Zusammenarbeit, verbesserter Weitsicht und verbesserten kognitiven Fähigkeiten zeigt. Solche Vorgesetzten zeigen Aufgeschlossenheit, statt auf einem Weg zu beharren. Sie lassen neue Ideen zu und würdigen die Leistungen anderer ohne Neid – und ihre Fehler als Lernchance. Sie legen stets aufmerksame Freundlichkeit und Einfühlsamkeit im Ausdruck an den Tag – auf Englisch *Kindness*. Das *wie* zählt.

So wie Al Haynes trotz Todesangst die Verantwortung für Hunderte von Menschenleben auf andere übertrug, so kann es jedem von uns gelingen, durch eine hohe Belastbarkeit im Wandel zu erblühen und mutige, vertrauensvolle Entscheidungen zu treffen und empathisch umzusetzen.

Status Quo 2: Beim Wandel agieren Führungskräfte oft zu schwach. Sie nutzen ihren gestalterischen Spielraum nicht aus und fügen sich einfach den ihnen gemachten Vorgaben. Veraltete, abstruse und kostspielige Praktiken bleiben somit bestehen. Hier wäre es ihre Aufgabe, von allen

Beteiligten entschlossen die Anpassung von Strukturen an neue Gegebenheiten einzufordern.

Entschlossenheit bezeichnet die Fähigkeit, Verhandlungsstärke zu zeigen, konsequent zu handeln, Vereinbarungen einzufordern, Verantwortung zu übernehmen und mitunter unpopuläre Entscheidungen zu treffen. Und zwar auch dann, wenn es für einen selbst herausfordernd, aber für die Zukunft wichtig ist. Eine Person mit dieser Entschlossenheit ist übrigens in der Lage, ihre eigenen Mängel anzuerkennen und nach Hilfe zu fragen. *Confidence* bezeichnet auch den Mut, Risiken einzugehen, indem Neues ausprobiert wird. Nur so ist Wachstum überhaupt möglich. Teams lieben fordernde Vorgesetzte sogar – vorausgesetzt, deren Forderungen sind schlüssig und sie leben die Konsequenz auch am eigenen Beispiel vor.

Pädagogen wissen um den Stellenwert von Konsequenz. Statt laut zu werden oder „kraft seines Amtes" ein bestimmtes Verhalten zu erzwingen, sollte man immer klare Vereinbarungen treffen. Konsequenzen sollte es nur auf der Grundlage dieser Abmachungen geben. Eine erfahrene Führungskraft sagt: „Du musst klar machen, was du willst, und wie es ablaufen wird, wenn es nicht läuft. Wenn es dann tatsächlich nicht läuft, ist die (harte) Konsequenz nur fair. Das schafft ein gesundes, respektvolles Miteinander. Das schafft Kultur."

Sieh dir zur Vertiefung das Video auf Youtube an: "How to break bad management habits before they reach the next generation of leaders (Englisch)[11]."

Die entscheidende Frage ist natürlich, wie man *Kind Confidence* schulen kann. Wie lösen wir den „Knoten"? Die Erneuerung der Führungskultur kann nur geschehen, wenn eine Generation von Führungskräften mutig damit beginnt. Denn wie die Organisationsentwicklerin Elizabeth Lyle in ihrem TED-Vortrag zeigt, muss eine Generation mit den alten Management-Praktiken brechen, sonst wechseln wir nie das Paradigma.

Die Eigenschaften von Professionals mit *Kind Confidence* sind:

---

11 https://youtu.be/iu9u5yzUlb0

1. Eine ausgeprägte **Selbstidentität**. Sie haben kein Bedürfnis, andere zu beeindrucken, nachzuahmen oder einen eigenen Mangel zu kompensieren. Stattdessen treibt sie eine wertebasierte Identität dazu an, integer zu handeln, um sich auch morgen ohne Schamgefühle im Spiegel anschauen zu können.
2. Ein **vielfältiger Erfahrungsschatz**: Die Qualität der Lösungen hängt von der Anzahl der Assoziationen ab, über die ein Mensch verfügt. Anstatt durch einen starren Plan sind unsere Leute angetrieben von eigenen Schlussfolgerungen (siehe Kapitel *H-förmiges Talente-Profil*).
3. Eine hohe **Gelassenheit**: Ein allgemeines Vertrauen in die Welt und ein gesundes Selbstbewusstsein helfen diesen Menschen, ruhig, analytisch und großzügig zu handeln.

Kind Confidence erlaubt es dir, deiner Kommunikation Präzision zu verleihen. Wie Cal Fussman demonstriert, besitzt du dann die Fähigkeit, eingefahrene Verhältnisse und Verhaltensweisen in neue Bahnen zu lenken.

Adaptive Intelligenz mit der Vektor-Strategie

Fühlst du dich häufig abgelenkt und überfordert und empfindest deine Zukunft als unklar? Auch wenn es kein Trost ist: Das geht vielen so. Die neue Welt ist nicht mehr vorhersehbar. Wir fahren zwar nicht blind, aber oft „auf Sicht". Kein Wunder, dass wir die Kompetenzen von Navigatoren benötigen, um kontinuierlich den Kurs anzupassen. Das nennt man die Vektorstrategie.

Obwohl die Geschwindigkeit der Veränderung zunimmt, hat sich die Reaktionszeit in vielen Unternehmen keinen Deut gesteigert. Beispielsweise werden Softwarelösungen auf dieselbe Art eingekauft wie Immobilien. Nehmen wir ein ERP-Systems zur Ressourcenplanung: Das Prüfungsverfahren und die Einführung dauern drei Jahre. Dann werden immer wieder teure Anpassungen im fünfstelligen Bereich notwendig – und trotzdem ist die Funktionalität begrenzt. Aber die Regel „alle müssen nach diesem Prozess arbeiten" bleibt bestehen. In all der Zeit leiden der Handlungsspielraum der Mitarbeiter und die Dienstleistung beim Kunden.

Doch das Schlimmste daran ist: Was vor einer halben Dekade mit begrenztem Wissen und unter Druck entschieden wurde, wird auch bei neuen Erkenntnissen nicht revidiert oder angepasst. Planungen sind faktisch oft obsolet, bevor alle Ausschüsse sie genehmigt haben, werden aber stur weiterverfolgt. Gerade in der digitalen Wirtschaft veralten Informationen schnell. Damit verliert auch die einst so verheißungsvolle Strategie ihren Sinn. Wir müssen deshalb in der Lage sein, die Strategie mit der sich ständig ändernden Realität in Einklang zu bringen. Das bedeutet, dass Strategie kein festes Programm sein kann, das ausgewählte Personen alle paar Jahre einmal bestätigen. Damit Regelwerke unsere Organisationen antreiben und nicht bremsen, müssen sie fluider und modularer werden.

Die berüchtigten 5-Jahres-Pläne, die der Wirtschaftsstrategie der sozialistischen Ostblock-Staaten zugrunde lagen, waren schon damals weit von der Realität entfernt. Doch es scheint, dass Strategie vielerorts auf einer ähnlichen Grundlage beruht. Drei Probleme entstehen:

1. Da das Ziel sich bewegt, verfehlt der alte Plan das Ziel.
2. Die Anpassung an neue Gegebenheiten ist umso teurer, je länger man mit dem Realitätscheck wartet.
3. Mitarbeitende, die die falsche Stoßrichtung früher als die Strategen erahnten und benannt haben, wurden als Störenfriede betrachtet. Sie sind verbrannt oder haben die Firma verlassen, so dass ihr Sachverstand nicht mehr zur Verfügung steht. Die Ruhe, die das Management dadurch gewonnen hat, kostet das Unternehmen sehr viel Geld.

Die Lösung zum Vermeiden all dieser Nachteile ist die sogenannte *Vektorstrategie*. Bei diesem Ansatz wird anstelle einer unveränderlichen Entscheidung lediglich ein *Ziel* benannt. Dazu werden *Meilensteine* als Unterziele definiert. Dann wird offiziell vereinbart, dass sich an jedem dieser Meilensteine die Strategie bei Bedarf ändern kann. Das Ergebnis ist eine Fortentwicklung der Firmenstrategie in Trippelschritten: eine konsequente, transparente Anpassung in die jeweils aktuell beste Richtung. Der Vorteil: Die Vektorstrategie passt zum Zickzack der Zeitläufte und des Fortschritts – ganz im Gegensatz zur immer noch üblichen Jahresplanung mit KPIs. Die Vektorstrategie ist außerdem wunderbar mit der OKR-Zielvereinbarungs-Methode (Objectives and Key Results)[12] vereinbar.

Außerdem erkennt dieser Ansatz an, dass bekannte Kompetenzen in unbekannten Situationen oft nutzlos sind. „Ein Talent, den Lebensweisen von gestern zu folgen, reicht nicht aus, um die Welt von heute zu gestalten." (Von König Wuling von Zhao ca 300 v. Christus). Für etwas wirklich Neuartiges gibt es keinen Referenzrahmen. Daher können hier nur Aufgeschlossenheit und Ausprobieren funktionieren. Unternehmen, die der Vektorstrategie folgen, trauen sich selbst zu, ohne perfekte Informationen oder Patentrezept einen Schritt vorwärts zu kommen und die Strategie konsequent zu ändern, sobald es notwendig wird.

12 Schüller, Anne und Steffen, Alex T., Die Orbit Organisation, Gabal, 2019, Seite 207

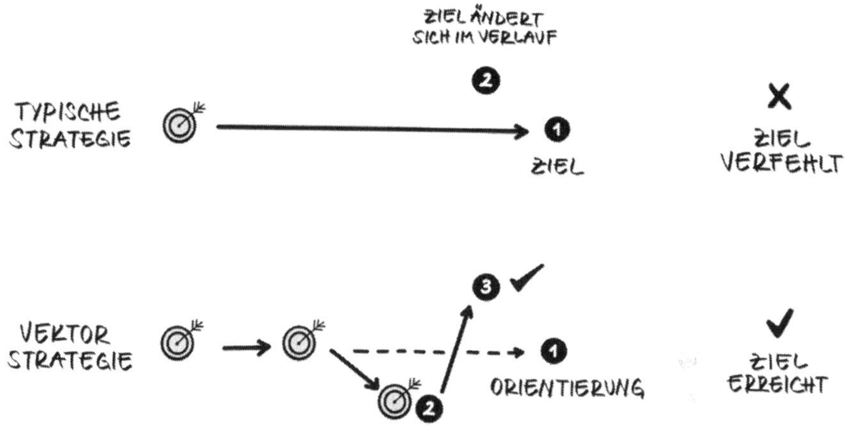

Abbildung 19: Die Vektorstrategie

Ein Überprüfen der Strategie muss regelmäßig und häufig geschehen. Mindestens quartalsweise ist sinnvoll. Nur so stellt man sicher, dass das Unternehmen so gut es geht auf Augenhöhe mit der Marktentwicklung agiert. Doch wie genau kommt es dann, wo nötig, zur Anpassung? Diese erreicht man mit einer Wenn-Dann-Logik. Dabei muss man bewusst gegen die Tendenz anarbeiten, dass getroffene Entscheidungen ungern revidiert werden, auch wenn sie aus neuer Sicht sinnlos sind – etwa, weil man schon vertragliche Verpflichtungen eingegangen ist. Man kann externe Experten hinzuziehen, damit sichergestellt ist, dass unsinnig gewordene Stoßrichtungen auch wirklich revidiert werden.

Das Paradigma in diesen Treffen muss lauten:

- Bedenken sind willkommen.
- Die Aufgeschlossenheit (Adaptive Intelligenz) aller Teilnehmer ist gefordert.

Die Implementierung der Vektorstrategie geschieht, schematisch gesprochen, stets in drei Schritten:

Schritt 1: Die Zielorientierung wird formuliert und in Meilensteine heruntergebrochen. Das minimiert das Risiko und setzt Kapazitäten derjenigen frei, die viel Zeit mit dem Absegnen verbringen, weil Kompetenz auf andere verteilt wird.

Schritt 2: Regelmäßige Treffen für eine ergebnisoffene Neubewertung der Stoßrichtung. Hier kann ein Ampelsystem (Go, Prüfen, Stop) nützlich sein.

Schritt 3: Eine mutige und transparente (!) Anpassung der Stoßrichtung, wenn die Notwendigkeit eindeutig wird. Das kann auch das Kündigen von Verträgen bedeuten. Es nützt nichts, einer Ausgabe, die sich als Fehlinvestition erweist, weiteres Geld hinterherzuwerfen.

Bessere Entscheidungen mit Nudging

Für den **Aktivisten** ist der Status quo eine Provokation: Er hinterfragt ihn permanent. Er handelt nicht halbherzig, sondern lässt ein Gefühl von Dringlichkeit (engl. *sense of urgency*) entstehen, damit sich etwas verändert. Dabei handelt er nicht missionarisch, weil er sehr wohl weiß, dass ein System sich erst ändert, wenn genügend Einzelpersonen darin ihr Verhalten ändern. Er weiß auch, dass Bewusstseinswandel seine Zeit braucht – ganz nach dem Sprichwort „Der stete Tropfen höhlt den Stein." Eine wissenschaftlich fundierte Methode, um unter diesen Umständen bessere Entscheidungen zu fördern, bietet das Konzept des *Nudging* (englisch für „Anstupsen"). Für seine Forschung zum Nudging erhielt der Ökonom Richard Thaler 2017 den Nobelpreis für Wirtschaftswissenschaften.

Das Konzept des Nudging wird bereits für das Gemeinwohl eingesetzt – etwa beim Durchsetzen einer umsichtigen Fahrweise, von nachhaltigem Umweltverhalten oder von gesunder Ernährung. Beispielsweise soll der *Nutri-Score* die Ernährungsweise der Bevölkerung verbessern. Das System klassifiziert die Förderlichkeit beziehungsweise Schädlichkeit von Lebensmitteln mittels einer fünfstufigen Farb- und Buchstabenskala von A (grün) für hohe Qualität bis E (rot) für niedrige Qualität und soll so einen Überblick über die Nährwertqualität eines Produkts liefern. Der Nutri-Score-Nudge soll Menschen dabei helfen, beim Lebensmitteleinkauf die gesündere Entscheidung zu treffen. Ähnlich funktioniert die Geschwindigkeitsanzeige bei Ortseinfahrten. Autofahrer sollen angestupst werden, selbständig das gewünschte Fahrverhalten zu wählen, um Gefährdungen anderer Verkehrsteilnehmer und „Blitzer"-Strafen zu vermeiden.

Im Gegensatz zu Verboten, Regeln und Vorschriften wird beim Nudging die Entscheidungsfreiheit des Einzelnen beibehalten. Nudges sind lediglich Impulse zugunsten einer gewünschten Verhaltensrichtung; sie machen die gewünschte Option schmackhaft. Nudges werden vermehrt auch in Unternehmen als effektive Anstupser eingesetzt, vor allem in den USA. Sie können leicht in den Arbeitsalltag von Angestellten und Führungskräften integriert werden. „Wiederholte kleine Impulse können eine langfristige Verhaltensänderung unterstützen, in einigen Szenarien kann sogar ein einziger Nudge persistent [dauerhaft wirksam] sein", sagt Dr. Desiree-Jessica Pely, ehemalige wissenschaftliche Mitarbeiterin an der Ludwig-Maximilians-Universität in München. „Bereits kleine Impulse können das Bewusstsein für gewisse Themen wie innovatives Arbeiten oder Nachhaltigkeit am Arbeitsplatz schaffen, und mit der Zeit auch darauffolgende Einstellungs- und Mindset-Änderungen herbeiführen."

Mit dem Ziel, den Transfer von Erkenntnissen aus der Verhaltenswissenschaft in die Unternehmenspraxis voranzutreiben, hat Pely das Unternehmen *loyee* (von engl. *employee* = Mitarbeiter) gegründet. Eine 2021 durchgeführte Studie von *loyee* zeigte, dass kontinuierliche Nudges Mitarbeitern signifikant dabei helfen können, ein innovatives Mindset zu entwickeln – und zwar auch solchen, die sonst nicht offen für Veränderungen sind. Wichtig ist dabei, dass die Nudges von Experten und idealerweise durch eine vom Arbeitgeber unabhängige Instanz designed und implementiert werden, um mögliche Interessenkonflikte zu vermeiden. Alternativ kann das Unternehmen eine Ethikkommission einberufen, die die Unabhängigkeit der Nudges überprüft und Manipulation ausschließt

Jeder Mitarbeiter und jede Führungskraft reagiert anders auf sich verändernde Umstände. Deshalb ist Führung im „One-size-fits-all"-Stil nicht mehr geeignet. Doch dieser ist unter Managern weiterhin beliebt, weil er scheinbar Zeit spart. Es braucht Geduld, sich auf einzelne Schicksale und Denkansätze einzustellen. Pioniere, allen voraus die *Aktivisten*, können Führungstechniken wie die des Coachings nutzen, um ihre Kollegen und Angestellten zu einem bestimmten Verhalten zu motivieren. Die Dringlichkeit, mit der Aktivisten positiven Druck ausüben, könnte aber auch als ein „social nudge“ gesehen werden.

Die Gestaltung eines Anstupsers ist zentral für dessen Erfolg. Nudges im wissenschaftlichen Sinn haben den Anspruch, nur von Entscheidungsarchitekten erstellt zu sein, also von einer „allwissenden (!), erfahrenen, rationalen Instanz, die alle Möglichkeiten mathematisch und analytisch gegeneinander abwägt”, wie Dr. Pely erläutert. Meistens sind Entscheidungsarchitekten Ökonomen oder Psychologen. Sie designen Nudges als Hilfestellung für irrationales und im Gesamtsystem suboptimales Verhalten.

Nudges sollen erreichen, dass ein Mitarbeiter Bewusstsein für eine Idee entwickelt und künftig eher die gewünschte Wahl trifft. Dies erfordert die Gegenüberstellung unerwünschter und angestrebter Optionen, also eine sorgfältige Vorbereitung. Klärende Fragen lauten zum Beispiel „Welches alternative Verhalten ist wünschenswert?” oder „Wie kann ich zeigen, dass wir mit der neuen Arbeitsweise nachhaltiger sind?”

Um die Reibung zu minimieren und den Erfolg des Anstupsens zu erhöhen, können die folgenden drei Prinzipien helfen:

1. Die Entscheidungsfreiheit muss stets gegeben sein, um einen Nudge und keine Manipulation zu schaffen.
2. Je kleiner die zu ändernde Einheit, desto leichter die Verhaltensveränderung. Seine eigenen Mikro-Routinen, also kleine, wiederkehrende Handlungen im Arbeitsablauf zu reflektieren wird zum Hebel bei der operativen Effektivität.
3. Je weniger Stigma der Änderung eines Verhaltens anhaftet, desto einfacher der Durchbruch. Für manche Menschen bedeutet das Ändern ihrer Meinung oder ihrer Routinen das Eingeständnis eines Versagens oder einen persönlichen Angriff. Der Pionier kann psychologische Sicherheit geben, indem er betont, dass eine alte Verhaltensweise zu verändern keine Schande, sondern ein Erfolg ist.

Aus dem Pionier-Werkzeugkasten: Fehlerkultur und Widerstand

„Fehlerkultur“ bleibt ein Buzzword – bis wir an seinen Kern gehen. Organisationen und Menschen mit schwacher Fehlerkultur bewerten eigene Fehler häufig als persönliches Versagen (eng. *Failure*) statt als einen Fehltreffer (engl. Mis•take). So wird die Benennung eines Fehlers durch ihre Linse immer zum persönlichen Angriff. Für Menschen mit diesem Mindset ist Wandel fast immer eine Bedrohung für ihre Identität. Die Schriftstellerin Anaïs Nin erklärte das einmal so: „Wir sehen die Dinge nicht, wie sie sind. Wir sehen sie, wie *wir* sind.”

Die Forschung zeigt: Wenn Menschen Widerstand gegen Wandel zeigen, ist es am effektivsten, parallel zur Neuerung darzulegen, welche Dinge bestehen bleiben. Eine effektive Führungskraft erklärt ihre Vision des Wandels und zugleich ihre Vision der Kontinuität. So kann sich die Strategie entwickeln und gleichzeitig die Identität bestehen bleiben.

Das H-förmige Talente-Profil

Die Architektur innovativer Organisationen ist geprägt von Offenheit. Gearbeitet wird vernetzt statt verschlossen. Wie schon erwähnt, genügt es in der digitalen Welt nicht mehr, Meister eines Fachs mit Wissenstiefe und den berüchtigten 10.000 Stunden Erfahrung in seinem Bereich zu sein. Dieses I-förmige „Geek“-Profil (Englisch für „Streber“) wurde folglich irgendwann um die Wissens*breite* erweitert, hin zum T-förmigen Kompetenzprofil. Ein guter Kandidat muss seither neben Fachexpertise zumindest etwas Projektmanagement, Kommunikation und Service-Orientierung mitbringen.

Aber auch das T-förmige Profil ist inzwischen veraltet. Sehr gute fachliche Fähigkeiten und ausreichende soziale Kompetenzen genügen für eine herausragende Fachkraft nicht mehr. Ein Top-Kandidat darf zwar Stärken und Schwächen haben, sollte aber mehr als eine dominante Stärke aufweisen. Das ist im Informationszeitalter auch nicht sonderlich schwer. Nie in der Geschichte der Menschheit hatten Wissensarbeiter mehr Bildungsmöglichkeiten zu niedrigeren Kosten. Die Voraussetzung ist der Wissensdurst des Forschers.

Nicht nur in Startups findet man sogenannte Full-Stack-Profile. Das englische „full stack" bedeutet in etwa „das komplette Paket". Der Begriff wird vor allem in der IT-Branche verwendet, wo man zum Beispiel *Full-Stack Developer* kennt: Programmierer, die sowohl *Frontends* (die Benutzeroberfläche) als auch *Backends* (die Datenbank) entwickeln. Sie sind nicht in einem Feld hochspezialisiert, aber auch keine klassischen Allrounder mit flachem Wissen auf vielen Gebieten. Talente mit einem Full-Stack-Profil beherrschen das Sowohl-als-auch. So werden sie zum Bindeglied. Ihr relativ tiefes Fachwissen auf einem Gebiet und ihr beachtliches Wissen in weiteren Bereichen macht sie als Innovatoren interessant. Quereinsteiger können zwar neue Perspektiven in die Organisation bringen. Doch noch wertvoller ist jemand, der darin geübt ist, Informationen und Spezialwissen aus verschiedenen Disziplinen zu kombinieren, um neue Ideen und Innovationen zu schaffen. Kurz, jemand der einen hohen Assoziazionsspielraum besitzt. Menschen mit einem hohen Assoziazionsspielraum können mit großer Leichtigkeit in eine andere Rolle schlüpfen. Diese Menschen haben die Fähigkeit, ihre Kompetenztiefe in einem Gebiet auf ein stets wachsendes Spektrum an Situationen und Erlebnissen anzuwenden.

Das H-förmige Talenteprofil erlaubt bahnbrechende Innovationen. Gutenberg entwickelte den Buchdruck auf der Grundlage der Weinpresse. Er ließ sich von einem fachfremden Bereich inspirieren und passte die existierende Technologie an.

Pioniere sind keine Fachexperten. Sie sind Neo-Generalisten mit dem H-förmigen Kompetenzprofil. Während das Full-Stack-Profil von einer ausgeprägten Wissenstiefe in mehr als zwei Fachbereichen ausgeht, hat ein Talent mit H-förmigen Profil bis zu vier solcher Fachbereiche. So entwachsen dem horizontalen Verbindungsstück, das für Wissensbreite steht, vier „tiefe" Balken. Pioniere sind hungrig nach Entwicklung und hören nicht auf zu lernen, wenn die formale Ausbildung endet. So brechen sie den Mythos, dass man nur in einem Fach Experte werden kann.

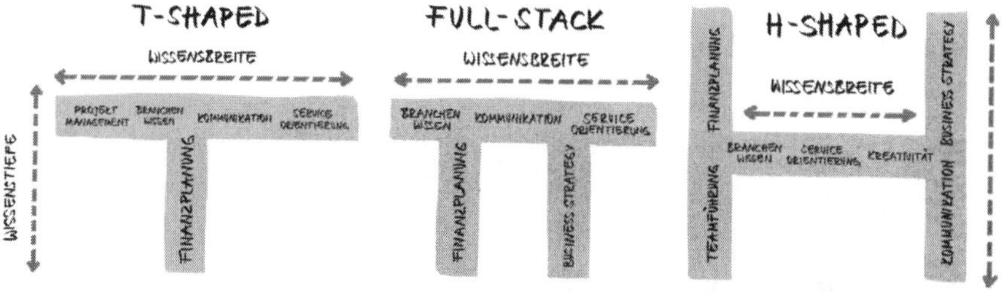

Abbildung 20: Das H-förmige Talenteprofil

Das H-förmige Profil war vor der Industrialisierung viel ausgeprägter. Man war Bäcker, kannte sich aber auch mit dem Schiffbau aus. Zudem war das Verständnis von Wetterbedingungen und Schwertkampf überdurchschnittlich. Aber dann wurde den Menschen eingeredet, die Spezialisierung sei der goldene Weg. Das Paradigma, ein Mensch könne gar nicht mehrere Kompetenzen haben, wurde allseits akzeptiert.

Der erwähnte Immobilienentwickler Michael verdankt den Erfolg seiner Firma nicht zuletzt seiner Wissenstiefe als Vertriebsleiter, seinem Diplom als Sachverständiger für Immobilienbewertung, seiner Erfahrung in der Prozessautomatisierung und seinem Händchen für Personalführung samt interpersonellen Kompetenzen. Pioniere kombinieren vermeintliche Gegensätze zu seltenen Profilen. „Agatha vereint eine unglaubliche soziale Kompetenz mit analytischen Fähigkeiten", sagt Jonas Kehrbaum, Gründer der Studienvermittlung *ePro 360*, stolz über eine seiner Mitarbeiterinnen.

Menschen mit hohem Assoziationsspielraum und ausgeprägter Kombinatorik treffen unter Unsicherheit bessere Entscheidungen, weil sie mehr Optionen ersinnen können. Sie haben mehr Perspektive und weniger Tunnelblick. Sie haben mehr Offenheit für andere Herangehensweisen. Kurt Tucholsky hat eine Empfehlung für uns bereit, die Pioniere oft schon beherzigen: „Toleranz ist der Verdacht, der andere könnte Recht haben."

Zusammenfassung Teil 3

Zwei Dinge können wir vom Führungsstil von Flugkapitän Haynes für die Unternehmensführung lernen: **Mentale Agilität**, also das Zulassen und Ernstnehmen der Lösungsvorschläge von Fachkräften niedrigerer Hierarchiestufen und **Teilautonomie**, also das Abgeben von Verantwortung statt der Angst um die Kontrolle.

Eine typische Strategie des **Gestalters** ist das *First Principle Thinking* als Innovationsstrategie der Pioniere: Sie brechen Probleme herunter auf ihre Einzelteile und setzen diese dann unvoreingenommen neu zusammen zu einer tatsächlich neuen Lösung. Die größte Herausforderung dabei ist die Implementierung gegen die Beharrungskräfte in der Organisation.

Eine weitere Methode ist die Veränderung der Meeting-Routinen. Unternehmen, die ihre Meetings in *40-Minuten Einheiten* unterteilen, berichten von Verbesserungen durch:

- Höhere Effizienz (weniger Verschwendung)
- Verbesserte Arbeitsleistung, durch ansteigendes Denkvermögen, Kreativität und Konzentration.
- Verkürzte Feedbackschleifen
- Gesteigerte mentale und physische Gesundheit
- Respektvollere, ungehetzte Arbeitskultur und dadurch erhöhte Arbeitszufriedenheit

Am ehesten dem **Forscher**-Archetyp zuzuordnen ist das Trainieren des *Change-Muskels:* Achtsamkeit und Meditationstechnik ermöglichen das Reflektieren und bewusste Umlenken der eigenen Gedanken. Die Systematik ist stets gleich:

- Ein Gedanke kommt auf.
- Du erkennst ihn ohne Beurteilung an.
- Du entscheidest dich bewusst dafür, anders über den Sachverhalt zu denken.

Sprache prägt das Bewusstsein. Dabei ist das Aufspüren von Buzzwords und Anglizismen aber eher ein Stellvertreterkrieg. Entscheidend ist eine konstruktive, nicht-aggressive Sprache, die auf Powerphrasen statt auf Killerphrasen setzt. Und die den „Papagei-Effekt" nicht scheut: Mehrfache Wiederholungen von Kernbotschaften sind nötig, um alle mitzunehmen.

Moderne Führung setzt auf *Leistung statt* auf *Anwesenheit.* Das erfordert auch eine Unterstützung des mittleren Managements beim Formulieren neuer Führungsprinzipien:

- Klarheit schaffen
- Energie erzeugen
- Ergebnisse liefern

Unternehmen müssen Kooperation fördern statt einer Ellbogenmentalität – wie Microsoft und Disney es vormachen.

Zum **Aktivisten** passt die Eigenschaft *Kind Confidence:* Führungskräfte müssen zugleich empathisch sein und entschlossen handeln können – ein Balanceakt. Nur wer ihn beherrscht, kann zum Wandel motivieren. Professionals mit *Kind Confidence* haben

- eine ausgeprägte **Selbstidentität,**
- einen **vielfältigen Erfahrungsschatz** und
- eine hohe **Gelassenheit.**

Die *Vektorstrategie* ermöglicht das Anpassen von Zielen in einem sich schnell wandelnden Umfeld. Sie verzichtet auf starre Pläne und Ziele und benennt stattdessen Orientierungspunkte sowie Meilensteine auf dem Weg dorthin, damit man die Zielrichtung immer wieder den beweglichen Gegebenheiten anpassen kann.

Erwünschtes Verhalten kann man durch *Nudging* fördern, also das nicht-verpflichtende Anregen zu Veränderungen. Nudging sollte stets von unparteiischen, im Idealfall externen Akteuren implementiert werden.

Mitarbeitern mit niedrigem Selbstbewusstsein und hohem Widerstand gegen Änderungen sollte man parallel vor Augen führen, was alles erhalten bleibt.

Talente mit einem *H-förmigen Profil* beherrschen das Sowohl-als-auch. So werden sie zum Bindeglied. Ihr relativ tiefes Fachwissen auf einem Gebiet und ihr beachtliches Wissen in weiteren Bereichen macht sie als Innovatoren interessant.

Ausblick

So. Da wären wir. Ich habe das Buch mit der Geschichte der NASA begonnen. Auch bei der NASA weiß man: Die eigene Entwicklung ist nie zu Ende. Denn die Erde dreht sich immer weiter. Genau wie die Wirtschaft. Managementexperte Simon Sinek würde sagen: „Wir befinden uns in einem *infinite game*“, einem unendlichen Spiel.

Wie entwickelst du deine Kompetenzen also weiter, um in diesem Spiel zu bestehen, spürbare Akzente bei der Transformation zu setzten und die Zukunftsfähigkeit deiner Firma zu fördern? Diese letzten Zeilen sind eine Ermunterung, dich auf die Reise zu begeben.

- Erkunde die Facetten deines persönlichen Pionier-Profils im Arbeitsalltag und führe ein Logbuch zu deiner Entwicklung.
- Nimm dir die Strategien von Pionieren aus Teil 3 und die Tipps aus dem Pionier-Werkzeugkasten zu Herzen und probiere sie direkt aus.

- Sieh dir die empfohlenen Videos an, um die Themen aus diesem Buch weiter zu vertiefen.
- Sieh dich auf der ständig wachsenden Datenbank mit Checklisten und Entscheidungshilfen um, die wir für Pioniere wie dich erstellen: **www.alextsteffen.com/downloads**
- Teile das Buch oder einen Ausschnitt daraus mit deinem Chef oder einem Kollegen, der daraus ebenfalls einen Nutzen ziehen könnte.

Wenn dir dieses Buch gefallen hat, erstelle gerne eine Bewertung auf Amazon oder Teile dein Feedback mit deinem Netzwerk auf LinkedIn. Beides ist einfach und kostet dich nur ein paar Minuten, aber es hilft mir enorm bei meiner Arbeit. Ich danke dir!

Wenn du mehr von mir lesen möchtest, folge mir auf LinkedIn: www.linkedin.com/in/alextsteffen/

Werde Teil der Pionier-Bewegung und tausche dich mit anderen Pionieren und modernen Führungskräften aus, auf www.alextsteffen.com/

Über den Autor

Alex T. Steffen ist Management-Vordenker, Unternehmer und professioneller Vortragsredner.

Seine Arbeitserfahrung spannt sich von internationalen Konzernen wie Disney und Bosch über agile Startups bis hin zur Gründung des Leadership-Weiterbildungsunternehmens Growth Masters. Das macht Alex zum Experten für die Organisationsentwicklung im digitalen Wandel.

Alex hat über 70.000 Menschen geschult. Seine Arbeit findet sich in der Wirtschaftswoche, in Capital und im Management Journal. Zu seinem Kundenkreis zählen Mercedes Benz, Webasto und Accenture, sowie Verbände, Hidden Champions und der deutsche Mittelstand.

Alex ist Entwickler des Orbit-Modells. Es zeigt eine Organisations-Struktur, die sich agil, adaptiv und antizipativ auf die Erfordernisse der „Digital Economy" einstellen kann. Mit seiner Pioneer Leader Akademie gibt Alex Führungskräften differenzierte Werkzeuge für ein agiles Mindset und den Aufbau moderner Organisationsstrukturen an die Hand.

Erfahre mehr unter www.alextsteffen.com/

Dank

Ich möchte mich für die wertvollen Inspirationen, Perspektiven und Unterstützung bei allen Mitwirkenden bedanken.

Andrew D. Huberman, Ph.D., Anna Kopp, Anne Schüller, Michelle Mägerle, Miriam Inäbnit, Jonas Kehrbaum, Su Reiter, Julia Nickel, Dr. Desiree-Jessica Pely, Julia Nickel, Prof. Julian Kawohl, Günter Kehrbaum, Michael Schmid, Karim Mustaghni, Sara Gonçalves, Oberst Marco Eggert, Max Jagusch, Oberst Hannes Hauri, Christoph Kattner, Hagen Föhr, Markus Immesberger, Jordan Bishop, Therese Herrmann, Marc Pielke, Oliver Domzalski, Thomas Lukaschewski.

Literaturempfehlungen

Sinek, Simon: Das Unendliche Spiel, 2019 Redline Verlag

Schüller, Anne M.: Bahn frei für Übermorgen-Gestalter!, 2022 Gabal Verlag

Feynman, Richard: What do you care what other people think, 2007 Penguin Books

Buckingham, Marcus und Goodall, Ashley: Nine lies about work, 2019 Ingram Publisher Services

Stadler, Christian; Hautz, Julia; Matzler, Kurt; und von den Eichen, Stephan Friedrich: Open Strategy, 2021 The MIT Press

Grant, Adam: Think again, 2022 Piper

Nadella, Satya: Hit Refresh, 2017 Harper Business

Schüler, Anne M. und Steffen, Alex T.: *Die Orbit Organisation*, Gabal 2019

Niebauer, Chris: No self no problem, 2019 Hierophant Publishing

Fabritius, Friederieke und Hagemann Hans W.: Leading brain, 2018 TarcherPerigee

Thaler, Richard H. und Sunstein Cass R.: Nudge, 2021 Penguin Books

Lansing, Alfred: Endurance, 2015 Basic Books

Acemoğlu, Daron und Robinson, James A: Warum Nationen scheitern, 2013 S. Fischer

Quellen im Internet

Schulz, Roland: Wächst das was zusammen was zusammengehört? (8.9.2018), URL: https://sz-magazin.sueddeutsche.de/natur/waechst-da-zusammen-was-zusammengehoert-86063 (Letzter Zugriff am 9.7.2021)

Atlas Pro: How to Build a Forest (30.9.2019), URL: https://www.youtube.com/watch?v=PkVZBSKdwQM&ab_channel=AtlasPro (Letzter Zugriff am 8.7.2021)

Gemba-Walk: Die Arbeit in der Praxis), URL: https://kanbanize.com/de/lean-management-de/verbesserung/gemba-walk-de (Letzter Zugriff am 10.7.2021)

Steingart, Gabor: Der Tech-Vergleich, in: Steingarts Morning Briefing vom 19.8.2021 (Letzter Zugriff am 19.8.2021)

Glassdoor: Bewertungen für Teufel Lautsprecher, URL: https://www.glassdoor.de/Bewertungen/Lautsprecher-Teufel-Bewertungen-E1106734.htm (Letzter Zugriff am 23.08.2021)

Kununu: Beste Arbeitgeber Deutschlands 2021, URL: https://news.kununu.com/beste-arbeitgeber-deutschland-2021/ (Letzter Zugriff am 23.08.2021)

Wikipedia: Technology adoption life cycle, URL: https://en.wikipedia.org/wiki/Technology_adoption_life_cycle (Letzter Zugriff am 24.08.2021)

Alleyne, Richard: Welcome to the information age – 174 newspapers a day (11.2.2011), URL: https://www.telegraph.co.uk/news/science/science-news/8316534/Welcome-to-the-information-age-174-newspapers-a-day.html (Letzter Zugriff am 11.02.2021)

The Darwin Project: Survival of the fittest: the trouble with terminology Part II, URL: https://www.darwinproject.ac.uk/commentary/evolution/survival-fittest-trouble-terminology-part-ii (Letzter Zugriff am 11.02.2021)

Dihen, Richard: Wie sich das Buch Crossing the Chasm auf den Marketing Erfolg auswirkt! (15.7.2018), URL: https://diri-socialmedia.de/crossing-the-chasm/ (Letzter Zugriff am 16.08.2021)

Motivationhub: Admiral McRaven Leaves the Audience SPEECHLESS | One of the Best Motivational Speeches (17.7.2018), URL: https://www.youtube.com/watch?v=TBuIGBCF9jc (Letzter Zugriff am 25.08.2021)

Wood, Johnny: How one Norwegian company is pioneering a flexible future for staff (15.7.2020), URL: https://www.weforum.org/agenda/2020/07/flexible-working-after-covid19-telenor-norway/ (Letzter Zugriff am 1.09.2021)

Haberstock, Philipp: First Principle Thinking, URL: https://wirtschaftslexikon.gabler.de/definition/first-principle-thinking-123085 (Letzter Zugriff am 3.09.2021)

Kühner, Tom: Damals: Ein Flop revolutioniert den Hochsprung (20.10.2017), URL: https://www.sport.de/news/ne2939450/damals-ein-flop-revolutioniert-den-hochsprung/ (Letzter Zugriff am 3.09.2021)

Carnegie Mellon University (20.12.2007): Randy Pausch Last Lecture: Achieving Your Childhood Dreams, URL: https://www.youtube.com/watch?v=ji5_MqicxSo (Letzter Zugriff am 3.09.2021)

Eicher, Hans: Die verblüffende Macht der Sprache (30.3.2019), URL: https://www.spektrum.de/leseprobe/sprachpsychologie-die-verblueffende-macht-der-sprache/1635506 (Letzter Zugriff am 5.09.2021)

Boroditsky, Lera: Wie die Sprache das Denken formt (15.3.2012), URL: https://www.spektrum.de/news/linguistik-wie-die-sprache-das-denken-formt/1145804 (Letzter Zugriff am 5.09.2021)

Kaiser, Tobias: Deutsche Amtsstuben sind viel besser als ihr Ruf (13.7.2017), URL: https://www.welt.de/wirtschaft/article166634247/Deutsche-Amtsstuben-sind-viel-besser-als-ihr-Ruf.html (Letzter Zugriff am 6.09.2021)

Schüller, Anne M.: Killerphrasen-Friedhof: So geben Sie guten Ideen eine Chance (26.3.2021), URL: https://www.linkedin.com/pulse/killerphrasen-friedhof-so-geben-sie-guten-ideen-eine-chance-sch%C3%BCller/?trk=public_profile_article_view (Letzter Zugriff am 6.09.2021)

Hinterauer Joan: Meine Perspektive für eine bessere Arbeitswelt, URL: https://www.linkedin.com/posts/johannhinterauer_conversations-forchange-futureofwork-activity-6841670606090510337-RwOI (Letzter Zugriff am 9.09.2021)

Pichler, Martin: Nudging: Verhalten ändern durch „Anstupsen" (14.11.2017), URL: https://www.haufe.de/personal/hr-management/training-und-coaching-so-geht-richard-thalers-nudging_80_430742.html (Letzter Zugriff am 9.09.2021)

Haufe Online Redaktion: Welche Kompetenzen Führungskräfte im New Normal brauchen (13.7.2021), URL: https://www.haufe.de/personal/hr-management/studie-zu-den-kompetenzen-von-fuehrungskraeften-im-new-normal_80_547126.html (Letzter Zugriff am 9.09.2021)

Rogall, Shalin: WarumTransparenzwichtigeristalskleineImpulse (27.8. 2020), URL: https://www.deutschlandfunknova.de/beitrag/was-hin ter-nudging-steckt (Letzter Zugriff am 9.09.2021)

Mead Elaine: Skills vs Attributes – what's the difference and which are the most important when you're job-hunting? (15.11.2021), URL: https://www.talentedladiesclub.com/articles/skills-vs-attributes-whats-the-difference-and-which-are-the-most-important-when-youre-job-hunting/ (Letzter Zugriff am 20.09.2021)

Railways Explained: “Made in Germany” - Railways That Justify This Label (14.11.2021), URL: https://www.youtube.com/watch?v=IXy-tAqwv2Zs&list=WL&index=2&t=54s&ab_channel=RailwaysEx-plained (Letzter Zugriff am 21.11.2021)

Bundesregierung: Bürokratiebremse / Konzeption einer One in, one out -Regel, URL: https://www.bundesregierung.de/resource/blob/975228/393606/3e2e9100c972fbaf85dc3c26a3a867dc/15-03-25-one-in-one-out-data.pdf?download=1 (Letzter Zugriff am 22.11.2021)

Cronqvist, Henrik; Thaler, Richard H.; and Yu, Frank: When Nudges Are Forever: Inertia in the Swedish Premium Pension Plan (Volume 5/2018, (pp. 153-58), URL: https://www.aeaweb.org/articles?id=10.1257/pandp.20181096 (Letzter Zugriff am 24.11.2021)

Forth, Patrick; Reichert, Tom; de Laubier, Romain; and Chakraborty, Saibal: Flipping the Odds of Digital Transformation Success (29.10.2020), URL: https://www.bcg.com/publications/2020/increasing-odds-of-success-in-digital-transformation (Letzter Zugriff am 23.11.2021)

IMD: World Talent Ranking 2021, URL: https://www.imd.org/centers/world-competitiveness-center/rankings/world-talent-competitiveness/ (Letzter Zugriff am 16 Dez 2021)

Sanke, Leonie: Anglizismen sind besser als ihr Ruf (8.6.2021) https://www.jetzt.de/meine-theorie/anglizismen-sind-besser-als-ihr-ruf (Letzter Zugriff am 27.1.2022)

Rügenwalder Mühle: Transformation geht konsequent weiter (April 2021) https://www.ruegenwalder.de/medien-und-social-media/2021/transformation-geht-konsequent-weiter (Letzter Zugriff am 21 Februar 2022)

Printed in Poland
by Amazon Fulfillment
Poland Sp. z o.o., Wrocław

88613803R00107